動物のいのちを考える

高槻成紀 編著

政岡俊夫／太田匡彦／新島典子
成島悦雄／柏崎直巳／羽澄俊裕 共著

朔北社

動物のいのちを考える　目次

動物のいのちを考える

まえがき

政岡　俊夫

動物の「いのち」のことを考える本が出ることになり、その冒頭にあたり、私見を述べてみたい。

地球全体から見れば人類もまた生態系を構成する生命体の一部であるが、これまで生態学が明らかにしてきた生態系の構造と機能は、生産者と消費者がいて、命の受け渡しの環《リンク》が構成され、生命のリレーが行われているということであった。しかし、人間はこのリンクからはみ出すようになり、この生態系の営みに自分たちの都合で手を加え、多くの便利な動物を作り出してきた。それは産業動物（家畜）や伴侶動物（ペット、愛玩動物）であるが、このほか実験動物、展示動物（動物園動物）及び野生動物とも問題をかかえながら暮らしている。その意味で現代は、人間にさまざまな面で貢献している動物の命について、私たちは改めてどのように対峙するかが問われている時代でもある。

国連人口基金東京事務所のホームページにアクセスし、関連出版物の資料・統計をクリックすると気になるグラフが現れる。それは人口の推移を表したグラフである。それによると、現在の人類が地球上に出現して約二〇万年が経過しているが、長い歳月をかけて徐々に増加してきた人類は、一九〇〇年に一六億五千万人に達した後、最近の一〇〇年余りでは爆発的な増加を示し、今や七〇億人を超えるまでになっている。そして、三五年後の二〇五〇年には、九〇億人を超えることが予測されている。これに対して、さまざまな観点から対策が提言されているが、食糧について大変重要な提言がFAO（国連食糧農業機関）から出されている。

FAOは二〇〇九年にローマで世界食糧安全保障サミットを開催し、世界的な人口増加、飢餓人口の増加などの対策として、二〇五〇年までに現在の農業生産高の七割の増産が必要であると宣言した。現在、肉類だけを見ても二・八億トンが生産されていて、三五年後には単純計算で四・七億トンが必要となる。膨大な数の家畜が人間によって消費されることになるが、このことが保障されているかといえば、少し心もとない。OIE（国際獣疫事務局：獣医師の国際機関）は、今後の食糧事情から人間はブッシュミート（野生動物の肉）への依存度が増してくると予測している。こうしたことを考えると、私たちの日常的な食事が動物の命をいただいているのだという原点を改めて思い起こす必要を感じる。

一方、我が国は子供の数よりも伴侶動物の頭数のほうが多くなって久しい。今や伴侶動物は人の心の安寧になくてはならない存在となっており、家族の一員でもあり、そうであるがゆえにさまざまな問題も抱えることとなった。

また、人類の健康への寄与を目的に開発された実験動物でも問題がある。私は、動物実験は人の健康を守り維持していくために、必要不可欠なものであると考えているが、これに異を唱える人たちがいることも確かである。これについても情緒論に陥ることなく、社会全体で熟考すべきであろう。

このように、動物について人類としてさまざまな問題があり、それを考えてもらうことが本書の目的だが、動物の「いのち」について人類共通の課題と重複しながら、日本人独特の姿勢もあるように思う。二〇〇七年八月二八日付けの朝日新聞に、「四七年前南極にブタがいた。昭和基地で飼育、公式記録なし、食肉目的……情移り殺せず凍死。昭和基地を散歩する二頭のブタ＝一九六〇年三月、南極・昭和基地で撮影」という文字で秘話として紹介されている。この記事によると一九五九年一一月に日本を出発した第四次観測隊が、生鮮な食肉を得る目的でブタの飼育を計画、一九五九年一二月にケープタウンにて生後約一カ月のメスブタ二頭を買ったという記録がある。また計画ではオスとメスを購入し、昭和基地で繁殖も考えていたらしい。飼育の結末は、残飯をエサとして飼っていると情が移ってしまい誰も殺せなくなり、そうしているうちに寒さが厳しくなって、四月半ばに凍死させてしまったという。

似たような事例が近年でも見られる。米作りにおいて、無農薬あるいは減農薬米作りの一つである合鴨《あいがも》農耕で、除草目的に合鴨のヒナを田植え間もない田に導入し、稲穂が出るころには成長した合鴨を食肉とする、まさに一石二鳥の米作りである、この取り組みに参加していた一部の市民や子供たちから、私たちの役に立ったもの（使役：減農薬・除草）を、殺して食べるのは忍びないとの声が上がり、処分できない状況に陥ったという。

こうした事例を見るにつけ、私たち日本人の心のどこかには、動物の命について理解できていても、心情が優先する感情を持ち合わせているように思える。

現代の日本社会はさまざまな形で動物との関わり方が難しくなりつつあるように思われる。食料問題は確実に深刻になると思われるが、我が国の自給率の低さ、食料への感謝の気持ちの希薄さなどは、動物との関わりという点からもよく考えなければならない問題であろう。また伴侶動物など、産業動物ではない広義の家畜との関わり方にもさまざまな問題がある。人口の増加と環境の改変は、まちがいなく野生動物を追いつめるであろう。もし、そのような問題を考える上で、日本人独特の「いのち観」があり、それが役に立つのであれば、そのことをさらに追求することは価値あることではなかろうか。

本書は大学研究者だけでなく、雑誌記者、動物園長、野生動物管理会社などさまざまな立場の著者が、伴侶動物（ペット）、産業動物（家畜）、実験動物、動物園動物、野生動物などさまざまな動物のいのちについて、日頃考えていることを紹介してもらった。私はこれを読んで、改めて問題の多様さと深さに気づかされた。このような出版が企画されたことを喜びたい。

第一章　ペットの売買について——伴侶動物

太田　匡彦

一「闇」に消えていく犬たち

七万九六七四匹。二〇一一年度、それだけの数の犬が、全国の自治体で引き取られた（環境省調べ。負傷動物を含む。以下、引き取り数と殺処分数については同じ出典）。もちろん、飼い主とはぐれて迷子として収容された犬もいるが、一方で、一部地域を除けば、いわゆる全くの「野良犬」は限りなく減っている。つまりこの七万匹あまりの犬のほとんどが、ペットとして繁殖業者に「生産」され、ペットとして一般家庭に「消費」された犬であり、そしてついには「廃棄」された犬たちなのだ。このうち、四万四七八三匹が殺処分された。

私が一連の取材を始めた二〇〇八年度には一一万五七九七匹が引き取られ、八万四〇四五匹が殺処分されていたことを考えれば、この数年で状況はだいぶん改善されたことは確かだ。さらに十年もさかのぼれば、もう一桁多い数が殺されてもいた。だが、現状の数字を喜びをもって受け止めることは到底できない。ペットフード協会の推計では二〇一一年度、日本国内で飼われている犬は約一一九三万匹いた。おおざっぱな計算だが、飼い犬の百五十匹に一匹にあたる数が毎年、何らかの形で自治体に持ち込まれていることになる。

殺処分された四万四七八三匹という数についてもよく考えてみるべきだ。自治体による殺処分は平日に行われる。二〇一一年度の平日は二百四十七日間あった。つまりこの日本では、平日毎日約二百匹の犬が、人の手によって殺されている。

極めて異常な事態が続いていると言っていい。ペットとして生産され、消費されていた犬が、なぜこれだけ多く捨てられ、殺されなければならないのか。常識的に考えれば、一般の飼い主が自発的にコツコツ捨てていっても、こういう数にはならない。この異常な数の裏側に、構造的な問題、つまりペットである犬を捨てさせる、または殺さなければならない、日本独特のビジネスモデルが潜んでいるのだ。

私は、この構造的な問題を解き明かそうと二〇〇八年から取材を続けている。どんな取材でも、まずは過去の報道事例に当たってみるのは常套手段の一つだが、こと犬の殺処分を巡る構造問題についてはそれができなかった。というのも、報道された事例が極めて少なく、またあったとしても情報源が不確かな「伝聞推定記事」のようなものがほとんどだったからだ。

そこでまず、どんな犬がどのような理由で捨てられているのかを把握することから取材をスタートさせた。全国の主要な自治体（十七政令指定都市、十二都府県）に「犬の引取申請書」の情報公開請求を行い、並行して各地の動物愛護センターを訪ねて回った。

そのうえで、犬の流通・小売業者にも接触していった。こちらの取材はかなり難航した。ペット小売業者らが作る業界団体「全国ペット協会（ZPK）」は業界誌発行会社の代表を兼ねる事務局長以外は取材に応じてくれず、ペットショップチェーン最大手の広報担当者は「取材を受けられない。断る理由もいえない」という。ペットオークション（競り市）業者らが作る「全国ペットパーク流通協議会（PARK）」も「内規で取材は受けないことになっている」の一点張り。それでも、業界のなかからの浄化を志すペットショップチェーン経営者や過去の所業を悔いる元ペットショップ従業員らに出会い、次第に犬の流通システムの全貌が見えてきた。

明らかになったのは、「深い闇」だった。

子犬に「旬」の時期がある

結論から記せば、日本の「犬ビジネス」には大きく分けて二つの問題が存在する。一つは、業者による遺棄が存在するという問題。もう一つは幼齢犬を流通させることで、消費者に衝動買いを促す、というビジネスモデルそのものにひそむ問題だ。この二つの問題は結局のところ、犬の生体を販売するビジネスにかかわる業者が、「商品としての旬」という考え方を持って商売をしているために起きている。まずは、その象徴的な場面から、この項を始めたい。

二〇一三年四月上旬の週末、私は東京都江東区内にある大型商業施設に足を運んだ。

後述するが、この前年の八月、改正動物愛護管理法（動愛法）が成立している。改正動愛法では幼齢犬の販売に規制（いわゆる「八週齢規制」）がかかった。まず施行後三年間、激変緩和措置として、生後四十五日未満の子犬を販売目的で生まれた環境から引き離すことが禁じられた。私が商業施設を訪ねたこの日は、五カ月後には「四十五日齢規制」が施行されるというタイミングだった。

その商業施設には、一階の中庭に面した一角に大きなペットショップがテナントとして入っている。目の前には犬が、一定のスペース内を自由にノーリードで走り回れる有料の「ドッグラン」があり、レインボーブリッジも含めた湾岸地域が望める好立地の店舗だ。この施設に限らず、ペットショップは「集客力」のあるテナントとして、商業施設の入口に近い目立つ場所を小さく占めていたり、逆に最奥部の広大な面積を占めていたり、というケースが少なくない。

さて、そのペットショップの店内の三分の一ほどを占めているのが、子犬たちが入れられたショーケースだ。数十個が壁面いっぱいに並ぶ中、ひときわ来店者を集めているショーケースが二つあった。その中には、生後わずか四十一日のチワワとミニチュアダックスフントがそれぞれ入れられていた。

動愛法の施行規則第八条で、販売業者は「二日間以上その状態（下痢、おう吐、四肢の麻痺等外形上明らかなものに限る。）を目視によって観察し、健康上の問題があることが認められなかった動物を販売又は貸出しに供すること」とされている。このペットショップが規則を遵守しているとすれば、子犬たちが生まれた環境から引き離されたのは、輸送にかかる時間も考慮して、遅くとも三十七、三十八日齢ということになる。

当面は「四十五日齢規制」とはいえ既に改正法が成立し、この五カ月後には改正動愛法は施行される。施行前ではあっても、法の趣旨を考え、また子犬の心身の健康を思うのであれば、これほど幼い子犬を流通させることは商道徳上許されないはずだ。業界団体が繰り返し主張していた「四十日齢の自主規制」も空々しく聞こえた。

この商業施設を運営する企業は、旧財閥系の大手。全国的に大規模商業施設を運営している。広報担当者に取材すると、こんな答えが返ってきた。

「テナントとの契約の際、法令遵守を徹底するように約束しています。今回の改正動愛法についてはまだ施行前ですが、その改正趣旨に照らせば、一日も早く遵守できる体制を構築する必要があると認識しています」

私からの問い合わせを受けて、同社は、運営する全国の商業施設内のペットショップでの四十五日齢規制への対応状況を確認したという。その結果をこう明かした。
「既に対応済みのショップが多かったが、江東区のショップ以外にも対応していないところが一部あった。早めの体制構築を依頼しました」（広報担当者）
江東区内のこのペットショップを取材すると、生体販売部分については全国で約九十店舗を展開する大手ペットショップチェーンに業務を委託していることがわかった。そこで次に、業務委託先のペットショップチェーン経営者に話を聞いた。すると、
「私たちとしては、生体が幼ければ幼いほど扱うリスクが高まるので、本来であれば八週齢規制は大歓迎なのです。むしろ四十五日齢規制を良しとはしていません」（ペットショップチェーン経営者）
ではなぜ、店頭では四十日齢にも満たない幼い子犬を販売し続けているのか。この経営者は「ブリーダーとペットオークションの問題だ」と主張した。両者が週齢規制に対応できていないため、全国約九十店舗で子犬を流通させるには、全体の四割程度は四十五日齢未満の子犬を仕入れざるを得なくなると言うのだ。
「ブリーダーさんにしてみれば、例えば一週間でも出荷が伸びれば、そのぶん手元に子犬が滞留するわけです。手間ひまも増えるし、スペースの問題も生じるので、その対応が急にはできません。また、一日でも早く子犬を現金に換えたいと考える人が少なくないのも、現実です。規制を

周知するにも、体制を整えてもらうにも、時間がかかるのです」（同経営者）

同チェーンでは二〇一三年七月一日から、取引先に対して四十五日齢規制についての周知徹底と指導を行っていく考えだったという。ただ同社は、ペットオークション経由とブリーダーとの直取引と、二つのルートから仕入れを行っている。前者のルートではペットショップ側から直接的に指導を行うことは難しく、後者の直取引ルートについても、取引実績があるという約五五〇もの業者に対して規制を徹底することは容易ではない。

「私は八週齢規制に賛成だし、そういう法律になればもちろん徹底して守る。だが、ほかのペットショップチェーンも含めて、すべての業者が本当に守るつもりがあるのか、それが一番心配です」（同経営者）

「抱っこさせたら勝ち」商法

なぜ、ペットショップ経営者はそうまでして幼い犬を売りたいと考えるのか。このシンプルな疑問が、「深い闇」をあぶりだすキーワードになる。

犬ビジネスに携わる業者の間には、こんな「格言」が存在する。

「抱っこさせたら勝ち」

子犬のぬくもりを直に感じさせ、その魅力で消費者の判断力を奪い、売ってしまおうという販売手法だ。

そのため日本では、ペットオークションからペットショップが仕入れる際の子犬の平均日齢は四十一・六日(二〇〇六年度、環境省調べ)となってきた。流通・小売業者の側の本音を、先の大手ペットショップチェーン経営者はこう説明するのだ。

「犬がぬいぐるみのようにかわいいのは生後四十五日くらいまで。それを超え、八週齢にもなってしまうとかわいくなくなり、競合店に勝てなくなってしまう」

つまり、「子犬のかわいさ」という「商品力」だけを頼りに、消費者に衝動買いを促すことで、犬の流通・小売業は成立している。そのかわいい盛り、つまり「商品としての旬」が四十五日齢であり、流通・小売業者はその前後までに子犬を売り切ってしまうことを、ビジネスの根幹に据えているのだ。

流通・小売業者のこうした考え方、ビジネスモデルが、不幸な犬を生んでいく。

ビジネスモデルにひそむ問題が顕著に露呈するのが、繁殖業者や流通・小売業者による犬の遺棄だ。朝日新聞出版アエラ編集部では二〇〇八年秋、その実態をつかむため、飼い主が行政機関に犬を捨てる際に提出する「犬の引取申請書」(二〇〇七年度分)の情報公開請求を主な自治体(関東・中部・近畿の十二都府県、十七政令指定都市)に行った。「犬の引取申請書」の提出は、飼い主による犬の所有権放棄を意味する。この紙一枚で、犬は命を奪われることになる。

そこには飼い主の住所や名前、捨てる理由などとともに、捨てられた犬の名前、犬種、性別、年齢が記入されている。動物愛護団体「地球生物会議（ALIVE）」の野上ふさ子代表らの協力で分析していった。すると、繁殖業者やペットショップなど流通・小売業者に捨てられた犬たちが、大量に見つかった。いくつか、具体的にあげてみたい。

業者に捨てられる純血種

業者による遺棄事例が多かったのが兵庫県。例えば二〇〇七年十一月、ポメラニアン四匹、ダックスフント三匹、チワワ三匹、ヨークシャーテリア二匹、シーズー二匹……純血種ばかり十四種二十七匹が一緒に捨てられた。ペットショップの在庫処分か、繁殖業者による数減らしとみられる。

二〇〇八年一月には、ミニチュアピンシャーの雄四匹、雌六匹が同時に捨てられている。捨てる理由を記入する欄には「数をへらす」とあった。同年二月にはチワワ三匹、ミニチュアピンシャー二匹、ダックスフント一匹、ヨークシャーテリア一匹、ポメラニアン一匹、シーズー一匹、ペキニーズ一匹の計十匹がまとめて捨てられている。年齢は一歳から九歳までまちまち。遺棄理由は「病気の為」と記されていた。

北九州市でも業者による遺棄事例が目立った。二〇〇七年八月、マルチーズの成犬十一匹がま

表1　犬を捨てる身勝手な理由（主要27自治体計）

	飼い主が病気・死亡＊1	転居＊2	金銭的な問題＊3	鳴き声がうるさい＊4	人を噛む＊5	犬の病気・けが・高齢	その他飼育不能＊6	合計（匹）
雑種（犬種不明を含む）	732	597	35	602	509	515	4754	7744
柴犬	108	66	15	58	118	127	195	687
ミニチュアダックスフント（ダックスフントを含む）	85	67	2	34	38	112	128	466
シーズー	82	66	12	15	5	88	105	373
ラブラドルレトリーバー	33	38	4	15	5	50	51	178
コールデンレトリーバー	33	24	4	6	9	58	44	178
ビーグル	23	27	1	12	16	32	57	168
土佐犬	14	8	4	16	12	27	64	145
マルチーズ	37	9		6	4	37	51	144
チワワ	21	26		3	11	46	32	139
ヨークシャーテリア	21	21	1	11	2	28	46	130
コーギー	16	15		16	27	24	29	127
秋田犬	10	5	2	5	17	27	52	118
プードル（トイプードルを含む）	27	23	2	10	3	27	10	102
ポメラニアン	29	15	1	13	4	21	12	95
パピヨン	11	12	1	12	9	13	14	72
シベリアンハスキー	9	14	3	8	2	22	8	66
紀州犬	8	9	3	8	11	15	8	62
イングリッシュセッター	6	12	1	7	1	15	14	56
シェルティ	12	20	2	4	3	11	3	55
シェパード	6	16		3	3	5	19	52
シュナウザー	11	11	1	6	3	12	8	52
パグ	13	9	1		5	13	9	50
アメリカンコッカースパニエル	8	14	1	1	2	9	2	37
甲斐犬	4	5	4	7	4	4	7	35
キャバリア	4	10			2	9	8	33
ポインター	4	5	6	7	1	4	6	33
ミニチュアピンシャー	9	7	1	1	1	9	2	30
ウエストハイランドホワイトテリア	5	3	1	1		2	14	26
グレートピレニース	4	3		5		9	5	26
ハウンド	1	5	7	3	1	2	6	25
ドーベルマン	2	5		4	6	2	5	24
バーニーズマウンテンドッグ		2		4	2	12	2	22
ボーダーコリー	1	4	1	4	2	3	6	21
イングリッシュコッカースパニエル	4	4			3	6	3	20
ジャックラッセルテリア	1			5	3	11		20
ダルメシアン	4	1		1	4	1	8	19

	飼い主が病気・死亡＊1	転居＊2	金銭的な問題＊3	鳴き声がうるさい＊4	人を噛む＊5	犬の病気・けが・高齢	その他飼育不能＊6	合計（匹）
グレートデン	5				5	6	1	17
北海道犬	3	3		4	3	3	1	17
四国犬	7			2	3	2	1	15
狆		3				1	11	15
イングリッシュスプリンガースパニエル	1			3	6	3		13
フレンチブルドッグ		6		1	1	5		13
アメリカンピットブルテリア	1			2	3	2	2	10
スピッツ		5			1	3	1	10
セントバーナード		3			2	2	3	10
ペキニーズ	1	4		2		1	1	10
その他	8	7	4	31	22	20	23	115
合計	1424	1209	120	958	894	1456	5832	11893

＊1　生まれた子どもが犬アレルギーだった等のケースを含む
＊2　転勤などを含む
＊3　失業、自己破産、生活保護申請などを含む
＊4　近所からの苦情を含む
＊5　近所からの苦情を含む。ほかの犬を噛んだなどを含む
＊6　飽きた、子犬が生まれた、処置に困る、離婚した等のほか未記入を含む

関東地方の1都6県、愛知県、近畿地方の2府2県、および政令指定都市の計29自治体が、2007年4月1日から2008年3月31日までにそれぞれ受理した「犬の引取申請書」（自治体によって名称は異なる）を朝日新聞出版アエラ編集部が情報公開請求し、その内容をもとに集計した。ただし、川崎市は書類に理由を記入する欄がなかったため、福岡市は個別の犬種が非開示だったため、両市の数値はこの集計には反映されていない。

とめて捨てられている。いずれも狂犬病予防法に基づく畜犬登録がなされておらず、これは業者による遺棄の典型だ。同じ月には一歳のラブラドールレトリバー三匹が一緒に捨てられている。こちらも蓄犬登録がなく、ペットショップの売れ残りとみられる。

さらに列挙してみる。

二〇〇七年四月、川崎市。十一カ月と十カ月のポメラニアン計二匹が一緒に捨てられている。ペットショップの売れ残りが遺棄されたようだ。

二〇〇七年一〇月、群馬県。七〜九歳の柴犬の雌ばかり五匹が一度に捨てられた。犬は八歳前後で繁殖能力が衰えるため、繁殖業者が「用済み」として持ち込んだと見られる。

二〇〇七年十二月、静岡市。生後四十二日の柴犬の子犬四匹が一緒に捨てられた。静岡県内に柴犬のブリーダーが多いことは有名だ。

二〇〇八年二月、群馬県。生後三カ月と四カ月のイタリアングレーハウンド計二匹と生後四カ月のダルメシアン二匹が「先天病」というメモ書きが加えられ、捨てられた。ペットショップによる在庫処分とみられる。

繁殖業者や流通・小売業者の遺棄は枚挙にいとまがない。集計してみると二〇〇七年度には、一万二一三八匹の犬がこれら二十九自治体に捨てられており、そのうち純血種は四二五三匹いた。その純血種のうち、少なくとも一一〇五匹が繁殖業者やペットショップなど流通・小売業者からの遺棄であると認定できた。つまり純血種の四匹に一匹が、業者による遺棄だったのだ。「犬の引取申請書」をめくりながら、暗澹たる思いになる。分析を終えて、野上ふさ子氏はこう指摘した。

「同じ犬種を数匹まとめて捨てるなど、明らかに業者が持ち込んだとわかる事例が多数ありました。複数回にわけて持ち込めば判断は難しい。今回の調査で把握できたのは氷山の一角でしょう」

「事件」を起こす業者

アエラ編集部で情報公開請求をして調べあげるのと並行して、各地で起きた「事件」についても取材を進めていった。闇の実態がさらに見えてきた。

二〇一〇年三月、化製場法違反（無許可飼養）と狂犬病予防法違反（予防注射の未実施など）の容疑で「ペットショップ尼崎ケンネル」（兵庫県）の経営者が逮捕、書類送検された（化製場法違反は起訴猶予）。この経営者は十年以上にわたり違法営業を続け、売れ残った犬を六年間で二百匹以上、尼崎市に引き取らせ、殺処分させてきた。

同年八月には、女性の繁殖業者がミニチュアダックスフントやチワワなど約三十匹を奈良県吉野町、明日香村の山中に遺棄するという事件が起きた。この女性繁殖業者の場合は、自治体に持ち込んだわけではない。約百匹もの犬が売れ残ってしまい、それらをすべて捨てようと考えていたという。犬をトラックに積んで捨て場所を探していた。ところがその途中で約三十匹が逃げ出してしまい、そのことで事件が発覚した。この女性繁殖業者がより巧妙に人目につかないよう遺棄をしたり、別の手段で処分を行ったりしていれば、約百匹の犬たちは、人知れずこの世を去っていたことになる。

野上氏も指摘しているように、業者によって自治体に捨てられている犬の数は、まだ氷山の一角だったのだ。しかも改正動愛法では、第三十五条の改正によって、「犬猫等販売業者」からの引き取りを、自治体は拒否できるようになった。これまで税金を使って、業者の「在庫処分」に協力をしてきたことを考えれば、この改正は大きな前進ではある。しかし一方で、女性繁殖業者のように、人目につかない形で犬を処分しようと考える業者が増える可能性は無視できない。

ここまでは業者による遺棄の存在を、表面に現れた現象から明らかにしてみた。次に、ペットショップの裏側では何が起きているのか詳しく見てみたい。いずれも大手ペットショップチェーンで働いた経験を持つ、二人の男性からの証言をもとに再現する。

専門学校の研修として数年前、主に関東圏南部を中心に展開する大手ペットショップチェーンで働いた男性（二十六歳）は、犬ビジネスに失望することになった。

男性が研修生として働いたのは、都内の雑居ビル一階に入居している大型店舗だった。店員は五、六人。常に二十～三十匹の子犬が販売されているほか、ペットフードなどペット用品もよく売れる店舗だったという。

研修が始まって三、四日目のことだった。開店前の店の片隅で店長が、生後約六カ月のビーグルの子犬を、生きたままビニール袋に入れているのを目撃した。そして男性にこう指示したという。

「このこはもう売れないから、そこの冷蔵庫に入れておいて。死んだら、明日のゴミと一緒に出すから」

店長が指さす先に、普段はペットフードなどが入っている大型冷蔵庫があった。男性が難色を示すと、店長は淡々と説明しだした。

「(生後)半年も経ったたらもうアウトだ。えさ代はかかるし、新しい子犬を入れられるはずのスペースがもったいない。ペットショップというのは、絶えず新しい子犬がいるから活気があって、お客さんが来てくれる。これができないなら、ペットショップなんてできない。仕事だと思って、やるんだ」

売れない「在庫」より「新商品」

ペットショップに来る消費者は、なるべく幼い子犬を求めようとする。業界団体の幹部が「日本人というのはコロコロと可愛い子犬を好むので、そこに商品としての価値がある」と公言してはばからないように。つまりより正確に言えば、消費者は、幼い子犬ほど持っている「商品力」に魅了されに来る、という表現になるだろうか。結果的に、大きくなりすぎれば子犬は売れにくくなる。大きければ大きいほどエサ代もかかるし、本来であれば散歩などの運動もさせなければいけない。ワクチン接種も必要になる。つまりコストが余分にかかる。

一方で、もし、その生後約六カ月のビーグルが入っているケージに新しい子犬を入れておけば、そのビーグルよりも高い値段ですぐに売れる可能性がある。だから、捨てよう、殺そう、ということになる。

だがそんな考え方が一般常識とかけ離れていることは間違いない。ショックを受けた男性は、専門学校に相談して、研修を中止にしてもらった。その後、男性は、このペットショップチェーンが就職先のブラックリストに載っていることを知った。いまも、このチェーンは関東圏を中心に数十店舗を展開している。男性はいう。

「理想と現実があまりに違いました。約百人の同期がいますが、実際にペットショップで働いているのは十人くらいです」

都内のＩＴ企業で働く男性（二十九歳）は二〇〇六年八月から数カ月間、当時全国に約六十店舗を展開していた大手ペットショップチェーンでアルバイトをしていた。そこで、悲惨な現実を目の当たりにした。

男性が働いていたのは関東地方のロードサイド店。三十歳代前半の店長と四人のアルバイトで随時約五十四の子犬を管理、販売していた。

明るい照明できれいに見える店頭の裏側、そこに子犬が十三匹、段ボールに入れられていた。皮膚病にかかっていたり、店員が誤って骨折させてしまったりして「商品」にならないと見なされた子犬だった。

「もう持っていって」

八月下旬のある朝、店長がベテランのアルバイト女性にそう声をかけるのを耳にした。そして昼頃、ふと気付くと段ボールごと子犬がいなくなっていた。男性がそのアルバイト女性にたずねると、こんな答えが返ってきたという。

「保健所に持っていった。売れない犬を置いておいても仕方ないし、その分、スペースを空けて新しい犬を入れた方がいい」

コストをかけて治療するよりも、新しい子犬に代えて展示するほうがビジネス上好ましいという判断がそこにはあった。この後も男性は、生後八カ月のダルメシアンと奇形が見つかった生後四カ月のミックス犬（雑種犬）を保健所に連れて行くのを目撃したという。

ぬいぐるみのようにかわいい時期に売り切ってしまわなければ、「売れ残り」はすぐにやっかいな「不良在庫」になるというのが、業者の考え方なのだ。もう少し具体的に言えば、業者は、四十五日齢前後を「商品としての旬」だと考えており、その前後の期間でなるべく高値で売り切ろうという行動に出る。そしてその期間を過ぎて売れ残り、大きくなってしまった子犬を、在庫としてずっと抱えて置いておくということはせず、なるべく早く手放そうとする。手放し方は、動愛法の改正前なら自治体への持ち込みが有力な選択肢だった。さらには業者による自力の「処分」が横行しているのも、ここまで見てきた通りだ。

これらの行動原理は、流通・小売業者であるペットショップだけでなく、そのシステムに組み込まれている繁殖業者にも共通している。繁殖業者は、子犬が生まれればなるべく早く、場合によっては四十日齢よりも前に、一日でも早く子犬をペットオークションなどに出品してきた。ペットショップの店頭で求められるのがなるべく幼い子犬なのだから、そうしなければ、高値で買い取ってもらえないというわけだ。

こうした原理が働いた結果、もこもことかわいらしいぬいぐるみのような子犬がペットショップの店頭に並び、消費者はよく考えずに衝動買いをしていく。売れればすぐに次の子犬をショーケースに入れ、売れなくてもある程度のタイミングでその子犬を見切ってやはり次の子犬を仕入れ、また衝動買いする消費者を待つ——。ビジネスモデルが「商品としての旬」の時に発揮される「商品力」だけに頼った「衝動買い」によって成り立っていることで、どうしても「不良在庫」として「処分」される犬を生み出す構造が維持されていく。残酷な悪循環が、そこにはあるのだ。

二　衝動買いがひきおこす遺棄

消費者に衝動買いを促すことで成り立つビジネスモデルは、一般飼い主による遺棄の助長にもつながる。ここまで犬の殺処分がなくならない原因に業者による遺棄が存在することを指摘してきた。そのことは二〇一三年九月に施行された改正動物愛護管理法によっていくぶん解消される可能性がある。先に指摘したように、自治体に犬の引き取りを義務付けた動愛法第三十五条が改正され、業者からの引き取りを拒否できるようになったからだ。もちろん、それですべてが解決するわけではないことは、ここまで述べてきた通りだ。さらに、ここから指摘していきたいのは、消費者に衝動買いを促すことが、一般飼い主による遺棄の原因になっているということだ。

犬は病気をしないと思ったのか？

アエラ編集部が情報公開請求した「犬の引取申請書」には、犬を捨てる理由を記入する欄がある。数万～数十万円を費やしてせっかく購入した犬を、一般飼い主はなぜ捨てなければならなかったのか。まず、飼い主たちの言い分を見てみよう。

例えば二〇〇七年、横浜市であった事例をいくつかあげてみる。

五月に捨てられた十三歳のオスのプードル。捨てる理由を書く欄にはこうあった。

「仕事がなく収入もない」

またオスのゴールデンレトリーバーは、

「老犬で尿を排出しっぱなしのため」

という理由で八月に捨てられた。十二歳だった。

「前からいる犬との相性がとても悪く、無駄ぼえがあるため」

として、十月に捨てられたジャックラッセルテリアはまだ六カ月だった。

20、21ページの表1は、そうした「捨てる理由」を犬種ごとに集計したものだ。

例えば柴犬を見てみよう。捨てられた理由に、「犬の病気・けが・高齢」というのが目立つ。犬が病気やけがをすれば当然、動物病院に連れて行かなければいけない。治療費は人間以上にかさむことがある。また日本犬は、年を取ると痴呆になる可能性が相対的に高く、介護が必要になるケースも出てくる。そうした出費や手間ひまが惜しくて、捨ててしまうのだ。

小型犬として人気が高いミニチュアダックスフントやシュナウザーなどでは「鳴き声がうるさい」という理由が目立つ。こうした犬種はそもそも警戒心が強く、無駄ぼえが多いのが特徴といわれる。そのことは飼い始める段階で知っておくべきだし、飼い主が適切にしつけていれば避けられた問題だ。

そして共通して目立つのが、飼い主の病気や転居を理由に捨てている実態だ。生まれた子どもが犬アレルギーだったり、転勤のために犬が飼えないマンションに引っ越すことになったり。誰の身の上に起きてもおかしくないことだが、こうした可能性は、飼い始める段階で検討しておくべきだろう。

安易な理由で犬を捨てる飼い主の考え方を批判するのは容易だ。一方で価値観が全く異なる人たちに、理屈は通じない。ここでは、飼い主たちの問題はいったん置き、安易な飼い主を生み出した繁殖業者やペットショップなど流通・小売業者の問題に言及していく。というのは、そもそも、販売した繁殖業者やペットショップが飼い方や飼う上での注意点などをしっかりと事前に説明をしていれば、この犬たちの何匹かは、捨てられ、殺される運命をたどらなくてよかったかもしれないからだ。

「犬の飼い主検定」などを運営するNPO法人動物愛護社会化推進協会の西澤亮治事務局長はこう指摘する。

「一部のペットショップで衝動買いを促すような手法で売っているところがあり、それにつられて安易に買ってしまう消費者が後を絶たないことが背景にあります。入り口であるペットショップを改善しないと、殺処分はなかなか減らないのが実態です」

このもう一つの悪循環を業者の側から見るとどうなるか。埼玉県内で二〇〇四年からペットショップを経営していた男性（四十一歳）の事例を見てみたい。

男性は二〇〇七年十二月、店を閉めた。途中から始めたブリーダーとしての事業も行き詰まり、最後は百匹ほどの犬を抱えたまま破綻した。

以前は、熱帯魚を売っていた。熱帯魚ブームが去り、たまたま自分が犬好きだったのに加え、犬のほうが利益が上がると考え、乗り換えた。

犬の販売を始めてしばらくすると、利幅を厚くするために自らブリーディングも行うようになった。最初は母体の健康を思い、年に一回しか繁殖させなかった。だが次第に、発情期が来るたびに交配させるようになった。同じころ、犬の価格が下がり始めた。競合他社が増えたのと、小型犬ブームが去ったためだった。子犬一匹あたりの小売価格は五分の一程度になってしまった。生活のためには数を売らなければと、必死になった。男性は、こう振り返る。

「いつのまにか感覚が麻痺してしまうんです。たくさんいた方がもうけは大きくなるのですが、その分だけ目が行き届かなくなり、管理はずさんになる。すると犬が商品にしか見えなくなり、お客さんの求めに応じて生後四十日の子犬だって売ってしまう。売る前に丁寧に説明していたら、お客さんは逃げてしまうから、もうどんどんと売ってしまう。私のもとにいる犬は不幸だった。

いまはやめて良かったと思います」

ミスマッチさせるショップ

より組織的、意図的に衝動買いを促す業者もある。例えば、東京都内などの繁華街で派手な看板を点灯させて営業しているペットショップチェーン。ここでは「目が合ったら抱っこして相性を確かめてみませんか？」などと来店者に呼びかけ、子犬を手に取らせる。

「抱っこさせたら勝ち」

の典型だ。

店内には「十八歳から保証人無しでローンＯＫ」などと掲示して、若年者にまで衝動買いを促そうとしている。そもそも繁華街にいる人たちが、犬を飼う目的でその時間、その場所に来ているはずがない。

「酔って判断力が落ちたところで買わせてしまうという狙いは明らかです。周辺の飲食店で働く女性たちへのプレゼントという需要も考えられます」（大手ペットショップチェーン幹部）

こうした販売手法が業者による大量生産を支え、無責任な飼い主を生み出す構図を作りだしているのだ。ペット小売業者らで作る「全国ペット協会（ＺＰＫ）」副会長で、自身もペットショップチェーンを経営する太田勝典氏はこう認めた。

「一部ペットショップにおける販売する際の説明の不十分さが、飼育放棄につながっているところがある。いいことしかいわないから、買った後にミスマッチが起きるのです」

そもそも動愛法では、第八条でこう定めている。

「動物の販売を業として行う者は、当該販売に係る動物の購入者に対し、当該動物の種類、習性、供用の目的等に応じて、その適正な飼養又は保管の方法について、必要な説明をしなければならない」

「動物の販売を業として行う者は、購入者の購入しようとする動物の飼養及び保管に係る知識及び経験に照らして、当該購入者に理解されるために必要な方法及び程度により、前項の説明を行うよう努めなければならない」

つまりペットショップは法律上、衝動買いを促すような場であってはならないはずだ。それなのに、ビジネスモデルが衝動買いに支えられている。コンプライアンス軽視の傾向がきわめて強い業界なのだ。

これまで、業界が衝動買いを促すために行ってきた三つの典型的な販売手法がある。「深夜販売」「インターネット販売」「移動販売」だ。

深夜販売は、前述のように、都市部の繁華街でよく見られた手法だ。この深夜販売については、環境省中央環境審議会動物愛護部会の「動物愛護管理のあり方検討小委員会」が問題視した。動愛法の施行規則を改正することで、二〇一二年六月以降、午後八時から午前八時の間は子犬や子猫の展示が禁止され、深夜販売は実質的にできなくなった。

ただ業界の一部が強く抵抗をした。都心部などで流行している「猫カフェ」について、猫カフェの経営者らが作る業界団体が「猫は夜行性だ」と主張し、規制に反対したのだ。結果、猫カフェに限っては経過措置として当面、午後十時までの展示を認めることになった。しかし本気で「夜行性」を主張するのであれば、常識的に考えて、昼間の営業を自粛するべきだろう。不思議なことに、業界団体からそうした方針が打ち出されることはなかった。

さらに、動物取扱業者の遵守基準として「夜間、犬及びねこの飼養施設内は、照明の照度を落とす、静穏を保つ等の環境を維持し」と定められたにもかかわらず、繁華街などで午後八時以降も開いているあるペットショップでは、この内容を無視した営業が続けられている。「静穏を保つ」とはつまり、照明を暗くし、静かな環境を保つことであるはず。それなのに、子犬や子猫を入れたショーケースに薄手のカーテンを取り付けただけという状態で営業しているのだ。店内を煌々と照らす明かりも、ざわめきも、ほとんど遮られないまま、いまも子犬や子猫が売られている。そして来店者がカーテンを開けてしまえば、これまでと変わらない状況になってしまう……。

たとえば東京都にも、午後八時以降も子犬、子猫をそのまま展示していたり、静穏に保っていなかったりするペットショップの情報が、規則改正後に多数寄せられているという。

「何件か情報が入ってきており、その都度、指導をしています。一度の指導で改善するところもありますが、すぐに元に戻って午後八時以降の展示を再開するところもある。一般論ですが、何度指導をしても改善されなければ、知事による勧告、命令などを出すことになります」（東京都動物愛護相談センター）

深夜販売規制が実現したものの、一部業者はそれを意に介さないのだ。コンプライアンス意識の低さが、ここでもよく表れている。

強化される規制

さらに、衝動買いを促す販売手法として、これまで野放し状態になってきたのがインターネット上での販売だ。その代表的な存在が、南場智子氏が率いて急成長してきたネット企業ディー・エヌ・エー（ＤｅＮＡ）の「ビッダーズ」だろう。ビッダーズはインターネットオークションサイトであり、長く、そのサイト上で犬の生体の出品を認めてきたのだ。

実は、ネットオークション大手で生体の出品を続けていたのはＤｅＮＡだけだった。ヤフーオークションは、

「動物愛護法の精神を尊重して犬や猫、鳥類の生体の出品は一切禁止している。感情の問題も考慮して、そのような判断を下した」（ヤフー広報）

また楽天のオークションサイトも、

「生き物への負担などを考慮して、現在は、生き物の取り扱いは控えていただいております」（楽天広報）

こうしたなか、ＤｅＮＡだけが犬や猫のネットオークションを続けてきた。ビッダーズには常に数百匹の子犬が、オークションに出品されていた。なかには「一円」から入札できるケースもあった。しかも動物取扱業の登録さえしていれば誰でも出品できるから、悪質な繁殖業者も排除されない。幼齢犬の販売についても自主規制は全くない。

アエラ編集部ではＤｅＮＡに対して七項目の質問をぶつけ、幼齢犬販売の問題、ネット上で生体を取引することの問題、移動時に生じる健康管理の問題、動物愛護についての考え方を尋ねた。当時の社長、南場氏への対面での取材を申し入れたが、結局、広報部の金子哲宏氏からメールで回答をもらうことになった。

「場の提供者として、法令を遵守し運営を行うのが当社の基本的な立場であり、その運営において諸々の施策を実施しています。また、法令等の見直しがあればそれに基づき運営のあり方の変更も検討していきます」

大手ではただ一社だけが生体の出品を認めているという異常事態になんら問題意識はなく、生体をネット上で競りにかけることに職業倫理の観点から歯止めをかけようという意思も見られなかった。

ところが二〇一〇年六月に環境省中央環境審議会動物愛護部会で、五年に一度の動愛法見直しのための議論が始まると、インターネット販売規制への世論が高まった。するとＤｅＮＡは、ビッダーズへの生体の出品を二〇一一年十二月と二〇一二年九月の二段階にわけて、中止することを決めた。ちなみに二〇一一年十二月という時期は、ＤｅＮＡがプロ野球への参入を正式に承認されたタイミングでもあった。

アエラ編集部では同社に対して二〇一一年十一月、生体の出品中止に至る経緯などについて、担当者への対面による取材を申し込んだが、「書面で回答させていただく理由が数点ある」（広報部の金子氏）として今回も文書での回答を寄せてきた。それによると、

「当社は場の提供者として、法令を遵守し運営を行うのが当社の基本的な立場であり、その運営において諸々の施策を実施してきました。また、法令等の見直しがあればそれに基づき運営のあり方の変更も検討してきました。今回は、インターネット等でのペットの販売についての規制の強化の議論がすすんでいる状況を受け止め、生体カテゴリの取り扱いについて見直しました」

これで衝動買いを促す三つの販売手法のうち二つが規制された。残ったのは移動販売。ＺＰＫなど業界団体も自粛を呼びかけてきたにもかかわらず、移動販売への法規制は、二〇一二年の法改正でも見送られた。

移動販売とは、イベント会場やデーパートの屋上などに短期間、犬や猫を持ち込んで販売する手法のことをいう。

テレビ局も加担する問題手法

二〇〇九年二月十四、十五日にはナゴヤドーム（名古屋市）で「わんにゃんドーム」（テレビ愛知など主催）というイベントが開かれ、ここでもあるNPO法人による「同時開催」として移動販売が行われていた。

ナゴヤドームのグラウンド全体を使って行われたイベント。そのレフト寄りの一角に、ひときわ来場者が集まっている場所があった。そこが、移動販売のブースだった。

すべての面が透明のケースに一、二匹ずつ子犬が入れられていた。ケースはコの字形に約十個ずつ並べられ、一つのブースを作る。そのブースを数多くの来場者が取り囲んで、子犬の様子に見入っていた。来場者が希望すれば、ケースから子犬を取り出し、抱っこさせてくれる。値札はないが、

「御予約　受け承ります！」

という看板がかかっている。販売はしていないのか、ブースの担当者に尋ねると、

「予約していただければ、イベント終了後にお渡しできます」

そう、子犬の価格とともに説明してくれた。だが野球場のグラウンドを利用しての販売だけに、

購入者に対して落ち着いて説明できるようなスペースは見渡す限り、存在しなかった。テレビ愛知は、アエラ編集部からの問い合わせに対して、書面（二〇〇九年三月二十六日付）でこう回答した。

「弊社はイベント『わんにゃんドーム　２００９』でＮＰＯ法人（アエラ編集部注：書面では実名）に対し子犬の斡旋・販売を目的とした出展を許可しました。ＮＰＯ法人とは事前に話し合いを重ね、（中略）他の移動販売業者や悪質なブリーダーとは違う団体であると認識いたしました。（中略）購入希望者の生活状況などを把握し、購入後もきちんと育てることが可能と判断した上で販売していたと認識しております」

移動販売のメリットを、ある大手ペットショップチェーン経営者はこう話す。

「週末、大きな会場にたくさんの人を集めるのだから、とにかく瞬間的に大量に売れる。ペットショップにとっては、売れにくい在庫を処分できるチャンスなのです」

これまで見てきたように、ペットショップではどうしても売れ残りが出る。その売れ残りを店頭に置いたままにすれば、限られたスペースが有効に使えない。そのためには、移動販売という「在庫一掃セール」は極めて魅力的な手段なのだ。

しかし、ペットショップの店頭ならば席に座って一時間あまりの説明も可能だろうが、イベント会場ではそんなスペースもなく、十分な説明は困難だ。また在庫処分の意味合いも兼ねるから、価格を低めに設定することが多く、その分だけ衝動買いを促しやすい。別のペットショップチェーン幹部もいう。

「当然、衝動買い狙いです。十分な説明どころか価格勝負の投げ売り状態で、アフターフォローもしきれないのが現実ですよ」

子犬の健康管理についても問題がある。広大な会場内では子犬に適切な温度調節はしにくく、何よりもイベント会場だからかなりの騒音に包まれる。

「来場者が多く子犬が休む暇もない。会場の温度や騒音は子犬にとって大きなストレスになる。また会場までの移動そのものに子犬の体力がもたないケースもあります。移動販売は問題が多すぎる」（ＺＰＫの太田勝典氏）

こうした現実に、日本動物愛護協会や日本動物福祉協会など動物愛護団体では「ペットの移動販売ストップキャンペーン」を展開してきた。

それでも移動販売は全国で、定期的に行われている。

全国の主要都市で毎年開かれている「Ｐｅｔ博」。二〇〇九年も五月の連休に幕張メッセ（千葉市）で開催され、大阪市内に本社があるペットショップチェーンなどが出展し、移動販売が行われた。主催するペット博実行委員会は幕張メッセでの開催前、アエラ編集部の問い合わせに対してこう主張した。

「十数年前から毎年やっており、一般ショップと同じ環境で販売している。開催地の自治体の許可もらっており、問題はないと考えている。ZPKはウェットなことをいっているだけだ」

またこのイベントの大阪会場で主催者として名を連ねているテレビ大阪も、

「毎年開催しており、きちんと保健所にも相談している。子犬にストレスがないよう出展者は散歩や体温管理をしている」

ただ二〇一〇年度に入り、ペット博実行委員会も方針転換をしたようだ。二〇一〇年度も名古屋市や福岡市での開催を計画しているが、移動販売を実施する予定はないという。

アエラ編集部が改めて取材をすると、

「移動販売の予定はありません。移動販売を行うと感情的に非難されるので、もうやめました。需要が減っていて、売れないというのもあるんですが。来年以降ももうやらないでしょうね」

移動販売の風景

大規模イベントでの移動販売は、姿を消しつつあるのかもしれない。しかし、ホームセンターや百貨店の屋上などを利用した小規模の移動販売は、全国各地で依然行われている。前述のように法改正でも規制が行われなかった。一部の大手ペットショップチェーンにとっては、いまだに大きな収益源となっているのが現状なのだ。

犬ビジネスにも景気の波

二〇〇八年のリーマン・ショック以降、世界的に景気後退が起き、日本もデフレ不況からなかなか立ち直れなかった。二〇一二年十二月に誕生した安倍晋三政権による「アベノミクス」の影響で、危機的な状況を脱しつつはあるが、長く続いたデフレの影響は、輸入価格上昇に伴う偏った物価上昇ではカバーしきれていない。その大波に対してペットビジネスとてひとごとではありえない。犬の小売価格はピーク時の半分ほどになっており、その分利幅も薄くなっている。ある大手ペットショップチェーンの経営者はこんな見通しを持っている。

「チワワブームのころは業界全体が良かったが、いまの経済環境では生体販売で利益を出すのはなかなか難しくなっている。そのため粗雑な販売をする業者も増えており、必ずいまよりも問題が出てくるだろう」

不幸な犬をこれ以上増やさないために、消費者が賢くなる必要がありそうだ。

三　犬ビジネスの構造的欠陥

そもそも犬の流通システムの構造はどうなっているのか。図1は、環境省が推計したデータをもとに、独自取材を加えて作製したものだ。

犬が飼い主の元まで来る流通経路には、主に三つのパターンがあることがわかる。

①生産者（繁殖業者やブリーダー）↓競り市（ペットオークション）↓小売業者（ペットショップ）↓飼い主

②繁殖業者↓ペットショップ↓飼い主

③繁殖業者↓（インターネット）↓飼い主

繁殖業者やブリーダー、ペットオークション、ペットショップなど犬の販売にかかわる業者は全国で約二万三千（二〇一二年四月一日現在）が登録されている。しかし所管する環境省も、「犬の流通システムは昔からあり、実態はつかみ切れていない。私たちが把握できているのは、流通経路の三、四割ではないか」（環境省動物愛護管理室）としている。いかに、この業界の闇が深いかがわかるだろう。

なお、生産者について繁殖業者とブリーダーと二つの単語を使い分けているのは、単犬種の血統の保存を目的とするブリーダーと、複数の人気犬種の大量生産が目的の繁殖業者とをあえて区

図1 犬の流通・販売ルート

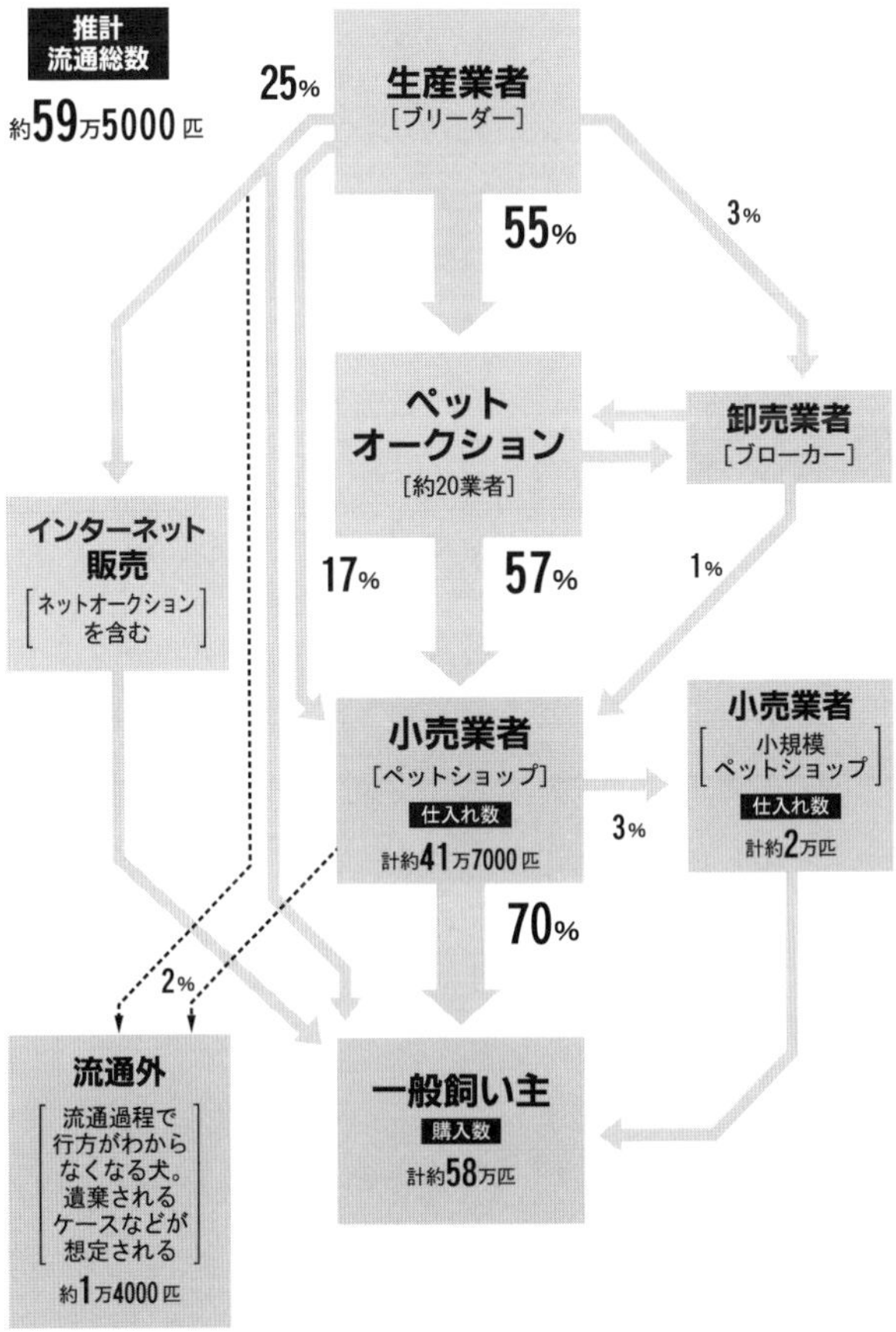

2008年に流通した犬の流通・販売パターンと流通総数について、環境省が推計したデータをもとに、独自取材を加えて作製。%は推計流通総数に対する各ルートの流通数の割合を示す

別するためだ。

「子犬工場」の現実

ある大手ペットショップチェーンが経営する「繁殖施設」を取材したことがある。中部地方のある県、最寄りのインターチェンジからでも車で数十分はかかる山中にその施設はあった。山中の一角が整地され、そこに空調設備もない輸送用コンテナがずらりと並んでいた。

そのコンテナの中には、ペットショップの店頭に行けば並んでいそうなあらゆる犬種のメスが、金属製の金網でできた籠に入れられ、せわしなく動き回っていた。籠は床部分も金網で、糞や尿は、金網の下に据えられた受け皿を引き出せば簡単に処理できる仕組みになっている。籠は三段重ねになっていたから、メスだけで二百匹はいただろう。中に入ると、吠え声がこだまして話ができるような状態ではなくなる。オスは別のスペースで、犬種ごとにわかれて数匹ずつ、飼われていた。また大型犬種は、メスもオスも屋外に設けられた鉄柵のなかにいた。

子犬を産んだばかりのメスは、コンテナ施設とは別に立っているプレハブに移される。そこで、母犬と子犬は一組ずつ段ボールにいれられていた。段ボールの中には、バスタオルが敷かれているだけ。私が訪ねた日は、十一匹もの母犬が子育てをしていた。

この大量に犬を抱えた施設の社員はなんとたった一人。ほかにアルバイトの女性が三人いた。

社員は施設に泊まり込み、母犬の出産などに立ち会うという。よく世話ができるものだと私が感心すると、その男性社員はこんなふうに答えた。

「世話をする必要はない。掃除をすればいいだけだ。出産も犬がやる。子育ても犬がやる。子犬がある程度大きくなったら、店に連れて行けばいい。人手はほとんどかからない。うちは基本的にはペットオークションで仕入れているが、それだけだとラインナップが偏って不十分になることがある。そのために直営の繁殖所を作って、ラインナップの不足分を補っている」

このような業者をブリーダーと呼べないことは理解いただけるだろう。この施設はペットショップチェーンの直営だったが、いわゆる「パピーミル（子犬工場）」と称される繁殖業者は、どこも似たような形態でビジネスを営んでいるのだ。

ここまで、繁殖業者とペットショップについて主に見てきた。この流通・小売システムの根幹を成しているのがペットオークションだ。次に、ペットオークションというビジネスについてその問題点を指摘していきたい。

ビジネスの拡大が生んだ競り市

ペットオークション、日本語に戻せば犬の競り市、というビジネスモデルが誕生したのは約三十年前といわれる。それ以前はペットショップと繁殖業者が相対で取引をしていた。次第に異業種からの参入者が増え、犬の流通量も増えたことから相対取引が限界になった。犬ビジネスの拡大、またはペットブームが、オークションを生み出したといえる。逆の見方をすれば、ペットオークションは、日本における犬の生体販売ビジネスが、巨大な流通・小売業に成長するために必要なエンジンだった。他国にはほとんど例を見ない、日本の犬ビジネスの象徴だ。

後述するが、現在、日本最大規模のペットオークションを経営しているのが「プリペット」といわれる。長く犬ビジネスを手掛けてきたという幹部は、ペットオークションの存在意義をこう力説した。

「子犬の適切な健康管理を行い、価格決定の透明性を確保するために、ペットオークションという機能が必要になったのです」

ペットオークションとはどのような場なのか。取材に基づき、その様子を再現してみる。

愛知県内のある住宅街、その一画に少し開けた土地がある。平屋建ての建物が立っており、建物は砂利の敷かれた駐車場に囲まれている。

毎週月曜日の昼ごろ、ここに数十台の車が集まってくる。建物の周囲には関係者らしい男性が数人立っていて、やってくる車に目を配る。それぞれの車に積まれているのはたくさんの子犬。時に子猫も目に入る。小さな箱やケージに入れられ、次々と建物の中に運び込まれていく。

建物の中では、東京・築地などの卸売市場を思わせる独特の口調が、大音量で響き渡っている。

その合間を縫うように、子犬や子猫のか細い鳴き声が混じる。

鳴き声は建物入り口あたりから聞こえてくる。入り口近くに設けられた棚に、車から運び込まれた子犬や子猫がずらりと並べられているのだ。その子猫や子犬を「鑑定士」と称する男性らが一匹ずつチェックしていく。彼らは獣医師免許を持っているわけではない。長年の経験を元に、子犬や子猫の目利きができるのだという。

鑑定士のチェックが終わると、子犬は別の男性に抱えられ、中央の檻へと運ばれる。檻の周囲には長机がいくつも並べられ、約百五十人の普段着の男女が席に座っている。子犬を競り落としに来たペットショップのバイヤーと、子犬を出品しに来た繁殖業者たちだ。たばこを吸っている人もいれば、お弁当をつまんでいる人もいる。

人間たちの視線を集める子犬は、檻に敷かれた新聞紙の上でガタガタと震えている。そばに設けられたモニターに、子犬の犬種や性別、生年月日、売り出し価格などが記された出荷伝票が大写しにされ、バイヤーたちは視線を走らせる。競り人が子犬の犬種名などを読み上げると、競りが始まる。二人以上が入札し続ける限り、落札価格は一千円ずつ上昇していく。すぐに売り出し価格の数倍、五万円、六万円という値が付き、子犬たちは次々と競り落とされていく。

百匹近い子犬を競り落としているのは、誰もが知っている大手ペットショップチェーンのバイヤーだ。彼らは複数人で来て、事務作業のように子犬を落札していく。一匹につき短いと数十秒、長くても数分で買い手が決まる。競り落とされた子犬は、すぐに小さなカゴに詰め込まれ、バイヤーの前に積まれていく。子犬にとってはこの瞬間、ともに育った兄弟犬との別離が決まる。

こうして、毎週約八百匹もの子犬が、このペットオークションから各地のペットショップへと流通していく。

命を「モノ扱い」する

もう一度、45ページの図1を見てほしい。ペットショップ（小売業者）は、その仕入れ先のほとんどをペットオークションに依存していることがわかる。繁殖業者やブリーダー（生産業者）にしても、出荷の五割以上がペットオークション頼り。推計だが年間約三十五万匹の子犬が、ペットオークションを介して市場に流通している。

また、ペットオークションの経営者は、自らペットショップを経営している場合がある。ペットオークション経営者が大手ペットショップチェーンの顧問になっていたり、その逆のケースがあったりもする。つまり、多くのペットショップとペットオークションは一体不可分の関係にある。現在の犬の流通は、ペットオークション無しには成り立たなくなっているのだ。

ペットオークションは日本独特の流通形態だ。現在全国で十七ないし十八の業者が営業している。ほかに極めて小規模なペットオークションが二社あるともいわれる。各社とも毎週一回、曜日を決めて競り市を開いている。平均的な規模のペットオークションだと一日で三百～五百匹の子犬、子猫が取引される。うち八、九割が子犬だ。最も大きな業者では、その数は一日あたり約一千匹にもなる。これまでは取引の場を提供しているだけだから動物取扱業の登録は必要ないとされてきたが、二〇一三年九月に施行された改正動愛法では、第一種動物取扱業に含まれることになった。

売り上げは、繁殖業者（出品者）とペットショップ（落札者）の双方から集める二～五万円程度の入会金、二～五万円程度の年会費、一匹あたりの落札金額の五～八％に相当する仲介手数料から成り立っている。会員業者数は平均的な規模で三百～四百、大きなところでは一千もの業者が出入りしている。年間の売上高は、数億円から十数億円の規模になると推計できる。

先に取り上げた愛知県内のペットオークションは典型的なスタイルとして描写したが、そのビジネスモデルはどこも似たようなものだ。生まれてすぐの子犬が競りにかけられ、何もわからないまま親兄弟と永遠の別れをする。そしてその数日後には、全国のどこかのペットショップの店頭で狭いショーケースに展示される。命をモノとして認識し、事実、モノのように扱う場――。それがペットオークションだ。

そして同時に、ペットオークションの存在が数々の問題を生み出している。悪徳繁殖業者の温床となり、幼い子犬（幼齢犬）が流通する舞台となり、トレーサビリティーの障壁となっているのだ。ある大手ペットショップチェーン幹部はこう話す。

「ペットオークションが存在するから素人だろうが悪徳業者だろうが、ブリーダーとして商売ができる。ペットオークションは動物取扱業の登録さえしていれば、特別な審査も無く誰でも入会できるのです。またブリーダーとペットショップが直接交渉できない仕組みになっていて、出品生体の親の情報やその管理状況などの情報は一切わからないようになっています」

悪徳業者の温床

オークションが悪徳ブリーダーの温床となった事例が、立て続けに判明している。

前述した、経営者が化製場法違反（無許可飼養）と狂犬病予防法違反（予防注射の未実施など）の容疑で逮捕、書類送検された「ペットショップ尼崎ケンネル」（兵庫県）（化製場法違反は起訴猶予）。この悪質な業者の経営が成り立っていたのは、ペットオークションへの出品が可能だったからだ。

尼崎ケンネルは大阪府内のペットオークションを利用し、子犬を売りさばいていた。だがなぜ、ペットオークションは悪徳ブリーダーの取引を認めていたのか。このペットオークションの経営者にたずねると、こんな答えが返ってきた。

「生体管理は適切で、いい犬を作出《さくしゅつ》していた。しかし法律は二の次になっていたようだ。違法営業をしていることには気づきませんでした。事件が発覚してすぐ、一年間の出荷停止処分にしています」

「商品」である犬の命をないがしろにし続けてきた業者が、たった一年でビジネスの世界に復帰してくるのだ。他の業界であれば、考えられないゆるさ。すべての流通段階が一体となって、異質な業界を作り上げていると言えるだろう。

問題発覚後も悪徳繁殖業者がペットオークションを通じてビジネスを続ける。そんな事例も二〇一〇年四月まで、埼玉県内のペットオークションを舞台に起きていた。

毎週月曜日に開催されるこのオークションは多いときには一千匹もの子犬、子猫が取引されている。そこで子犬を売っていたのが、茨城県内で十数年前から繁殖業を営んできた七十代の夫婦だった。

この繁殖業者の動物虐待とみられる行為が明らかになったのは二〇〇九年夏のこと。二度にわたり計約二十四の犬を茨城県動物指導センターに捨てに来たことなどで、問題が発覚した。動物愛護団体の関係者らがブリーダーを訪問すると、鉄骨二階建ての建物からは吐き気がするほどの悪臭が漂っていたという。そこには金属製の網籠が二段重ねにぎっしりと並べられ、約百匹の犬と約六十匹の猫が飼われていた。典型的なパピーミルだ。なかには繰り返し行われた帝王切開の跡が膿んでいる犬や、ケガした足を放置され第一関節から先が腐っている犬もいた。

ブリーダーは二〇〇九年十一月、動愛法と狂犬病予防法に違反しているとして茨城県牛久署に刑事告発されるに至った。それでも、ビジネスは継続できた。なぜか。

「市場に持っていくんだ」

このブリーダーがそう話し、毎週数匹の子犬を販売していた先がペットオークションだった。立ち入り調査や文書による指導を行っている茨城県では、二〇一〇年三月にも十数匹の子犬を出荷していることを確認している。

このペットオークションを経営しているのが、前出の「プリペット」だ。六本木ヒルズ森タワー(東京都港区)の十七階にオフィスを構え、動物病院や動物霊園も経営している。親会社は投資ファンドで、社長や役員は親会社出身。犬ビジネスに携わるのは初めてだという同社幹部に、一連の経緯について質問すると、こんな答えが返ってきた。

「二〇一〇年四月まで、このブリーダーの実態を把握できませんでした。動物取扱業の登録を認めたのは茨城県、立入調査をするのも茨城県。(動物取扱)業を取ったといわれればその業者を信じるしかないし、自治体が厳正な検査をしていると理解していた。我々としてもたいへん遺憾です。現在会員業者は約二千に上っており、直接訪問して実態把握と指導に務めていますが、回れているのはまだ三百業者。企業努力が足りなかったということなのかもしれません」

ペットオークションが繁殖業者の実態を確認することなく入会させ、そのことが結果として犬を虐待、遺棄するような悪徳繁殖業者のビジネスを助けている構図がわかる。こうした繁殖業者が存在すること自体を「ブラックボックス」のなかであいまいにしてしまう機能も、ペットオークションは持っているのだ。

ペットショップチェーンのコジマは関東地方を中心に約五十店舗を展開し、売上高は約百四十三億円と業界最大手だ。そのコジマでは、年間約二万匹販売している子犬のうち七割を、ペットオークション経由の仕入れに頼っている。自社での繁殖は行っていない。コジマの川畑剛常務は、こう話す。

「弊社も五カ所くらいのペットオークションで取引していますが、繁殖から仕入れまでの履歴は追えません。問題のあるブリーダーからは仕入れないよう独自に病歴などのデータベースを構築していますが、ペットオークションで買っている限り、ブリーダーが主張することが本当かどうか確かめる術はありません。その分、子犬がうちに来てからは、店頭に出すまでに一週間程度の待機期間を設けて、健康管理は徹底してやることにしています」

ブラックボックスで「行方不明」に

野菜でも肉でも、どこの土地で生産され、どのような生産者からどのような流通加工過程を経て小売店まで到達したか、トレーサビリティーが確保されている。ところが犬についてはこれが全く確保されていないのだ。

ペットショップで子犬を購入する際、その子犬の繁殖業者またはブリーダーが、例えば前述のような悪徳業者だと気づくことは不可能に近い。ペットオークションを経て来た子犬は、どんな性格の親犬から生まれ、どんな環境で育ち、どのように流通してきたのか——消費者が購入前に知ることはできず、もちろん購入時の判断材料に加えることもできない仕組みになっているのだ。

傘下にペット用品販売チェーンを持つ東証一部上場の大手流通グループ幹部は、こう話す。

「現在の犬の流通システムはトレーサビリティが明確でなく、消費者に売る自信が持てません。ですから、生体販売への参入は現時点ではあり得ないと考えています」

問題はこれだけではない。ペットオークションという、「ブラックボックス」のなかで「生体を競《せ》る」というビジネスモデルそのものが、遺棄を助長する構造問題を抱えている。

45ページの図1を見ると、流通の過程で「行方不明」になってしまっている犬が約一万四千匹もいることがわかる。その全貌は依然不透明だが、高値で売れる犬とそうでない犬が「一目瞭然」となるペットオークションによって、ふるいにかけられた可能性が否定できない。こうした価値観をベースに犬の流通システムが形づくられたことが、ここまで述べてきたような、ペットショップや繁殖業者による遺棄が後を絶たない原因になっているのだ。ペットオークションが存在することで流通が「ブラックボックス」にされ、誰も犬の命に責任をとらなくなってしまった弊害が、ここに現れている。

この点は、全国十四のオークション業者で作る「全国ペットパーク流通協議会（ＰＡＲＫ）」の宇野覚会長も認めている。

「オークションでシビアに子犬の品質を選別するほど売れない『欠陥商品』が生まれ、それを持ち帰ったブリーダーがどんな処置をしてしまうかという問題は、確かにある。業界としてトレーサビリティーの必要性に迫られていることは認識しています」

ＰＡＲＫは、徐々にだが、自浄作用を機能させ始めている。ＰＡＲＫの加盟社では悪徳ブリーダーの情報を交換し、違法営業が見られるようなら「取引停止」や「除名」といった処分を下すようにもしている。ある加盟社では、そうして会員を厳選した結果、会員数を約一千から約三百五十まで減らしたところもある。また、ペットショップで売れ残った犬だけを集めたオークションを毎月開催するなどの工夫も始めているという。

前述の通り、二〇一三年施行の改正動愛法によってペットオークションは第一種動物取扱業に含まれることになった。つまりそれ以前は、行政の目が全く届かない、どこの管理指導も受けない存在だった。基本的には自治体の職員ですらペットオークション施設の中には入れない。私たち記者も、当然のようにシャットアウトだった。日本の犬ビジネスの根幹を支える存在であるにもかかわらず、全く情報公開が進んでいない業態だったのだ。法改正によってようやく第一種動物取扱業に入ったことで、今後はペットオークションという業態の改善が劇的に進むことを期待したい。

四　幼齢犬販売の「罪」

ペットオークションなどそれぞれの業態で改善が進んでも、繁殖業者、ペットオークション、ペットショップという経路で流通、小売りが成立している日本の犬ビジネスの根幹には、もう一つ大きな課題がある。幼齢犬の販売という問題だ。もう一度、別のペットオークションの場面を再現するところから、この巨大な課題についての文章を始めたい。

最寄りの高速インターチェンジから約二十分ほど走ると、広大な駐車場に囲まれたペットオークション会場が見えてくる。毎週決まった曜日に、数百台もの車がこの駐車場に集まってくる。ナンバープレートを見れば、関東近県はもとより東北や中部地方からも参加者がいることがわかる。

客席が階段状に作られており、ペットオークションの会場はすり鉢型のスタジアムを思わせる。子犬たちは一匹ずつ段ボール箱に入れられ、カートに載せられて、次々と中央に運ばれてくる。白衣を着た従業員が三人いて、それぞれが一匹ずつ子犬をつかみ上げ、客席からよく見えるよう高々と掲げる。そのすぐ上には計四枚の大型スクリーンが天井から据え付けられており、そこに犬種や生まれてからの日数、最初の評価額など子犬の情報が映し出される。入札参加者たちは子犬とスクリーンを交互に眺めながら、手元のリモコンを使って入札金額をつり上げていく。

客席の最前列に陣取っているのは大口の顧客、つまりは誰もがその会社名を聞いたことがある、大手ペットショップチェーンのバイヤーたちだ。

「生後三十六日のシェルティのメス」

「生後三十六日のトイプードルのオス」

「生後四十三日のダックスフントのオス」

「生後三十四日の柴犬のオス」

「生後三十八日のミックス犬」

二〇〇九年春のある日のオークションでは、そんな子犬たちが絶え間なく競りにかけられ、落札されていった。長くこのペットオークションの取引を見ているというペットショップのバイヤーは、こう解説する。

「価格は、一般的にまず犬種、つぎに外見の良さで決まっていきます。そのなかでも、若い犬のほうが落札価格は上がります。このペットオークションの場合、非常に若い犬が出ることで知られていて、その意味ではバイヤーからの評価が高いペットオークションです」

鳴らされる警鐘

ペットオークションによって犬の価格が決まり、一方で「欠陥商品」が生まれる構造と密接に関係しているのが、この幼齢犬の問題だ。冒頭のエピソードからも触れてきたように、幼い犬を流通させ、小売りすることで、消費者に衝動買いを促すのが犬ビジネスの根幹でもある。残念ながら、消費者も幼い子犬を求めてしまうことから、そういうビジネスモデルが成り立つ。シンプルに、需要と供給の関係がそこには存在している。そう、犬ビジネスでは、子犬は幼ければ幼いほど需要が高く、ペットオークションでは必然的に幼齢犬の取引量が増えていく。そしてこのことは一方で、犬の遺棄につながっていく危険性をはらんでいるのだ。

幼齢犬問題の第一人者で、米ペンシルベニア大獣医学部のジェームス・サーペル教授は編著書『ドメスティック・ドッグ』で、こう指摘してる。

「ペットショップにいる子犬は（中略）社会化も不適切で、初期経験も異常であったり、悲惨なものであったりする場合があり、こうしたことによって成犬時に問題行動が発生しやすくなると考えられる」

犬の社会化期とは、親犬や兄弟犬と交流することによる「犬としての社会的関係」と、その犬が生まれた環境にいる人間（ブリーダーや繁殖業者）が適切に面倒を見ることによる「人間を含む社会への愛着」を形成するための時期のことをいう。適切な社会化期を経ずに流通過程に乗っ

図2 子犬を生まれた環境から
別の環境に分離するタイミングと問題行動の関係

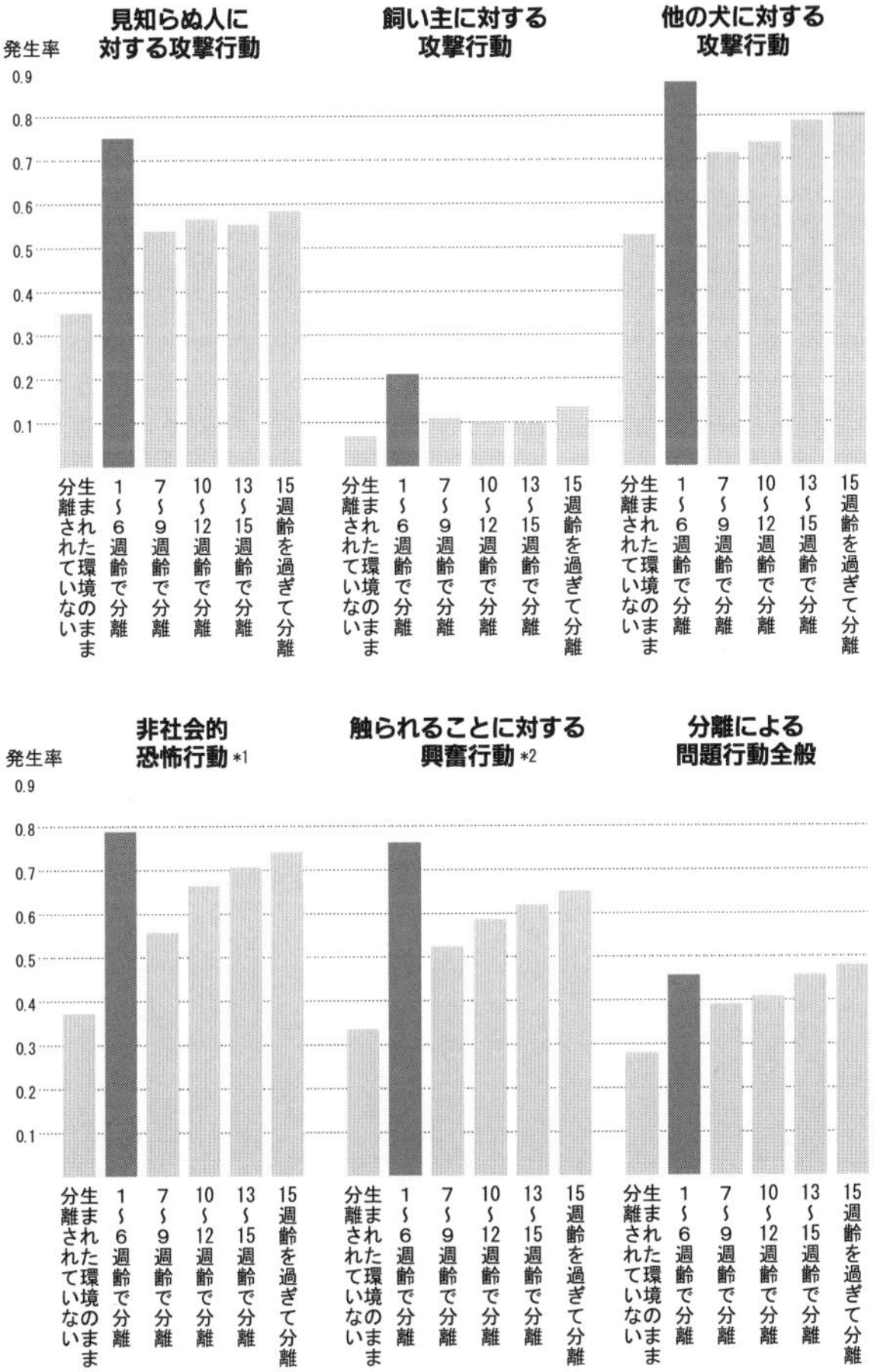

＊1 犬は人あるいは他の動物に対して本能的な恐怖心を持っている。人は怖くないとの教育を子犬の時にしないと社会的な恐怖心が残る。
＊2 犬は触圧感が発達しているので、常に触る必要がある。

てしまった犬は、問題行動を起こす傾向があるのだ。

そして、犬の問題行動は、飼い主による遺棄につながりやすい。アエラ編集部が全国の政令指定都市と関東、近畿などの都府県計二十九自治体に情報公開請求して調べた結果では、二〇〇七年度にこれら各自治体に引き取られた犬計一万一八九三匹のうち少なくとも三十二％が問題行動を理由に捨てられていた。日本動物福祉協会調査員で獣医師の山口千津子氏も、こう警鐘を鳴らす。

「動物行動学的に生後八週齢ごろまでは犬としての生活を身につける社会化期とされています。それ以前に親兄弟から引き離されると、吠えたり噛み付いたりという問題行動を起こしやすくなります」

東京大学大学院農学生命科学研究科の森裕司教授が監修した『アニマルサイエンスシリーズ犬の行動学入門』でも「八週齢までは母犬や兄弟犬とともに生活させる」「八週齢以降を目安に母犬や兄弟犬と別離させる」などと重要性を説いている。

実はこの「八週齢（生後五十六日）」の問題こそ、犬ビジネスを営む側と、獣医師や動物愛護団体との最大の争点になっているともいえる。問題になるのは、ではいつが犬の社会化期で、どのタイミングで親元から引き離すのが適当なのかということだ。

八週齢規制という常識

引き続き、サーペル教授が編著書で紹介するこれまでの研究結果をみてみよう（61ページの図2も参照）。

「初期の社会化期は生後三～十二週の間であり、感受期の頂点は六～八週の間」

「六週齢で子犬を生まれた環境から引き離せば子犬は精神的打撃（精神的外傷）の影響を受けることになる」

そしてこんなふうに結ぶ。

「子犬たちが十分にこの困難な移行期（筆者注：感受期の頂点）を乗り切れる年齢に達するまでは新しい家庭にもらわれることによる精神的打撃を避け、適切に社会化させる方法についてさらに模索するための努力が必要だろう」

こうした研究成果や研究者らの経験を積み重ねた結果、米国やドイツなど欧米諸国では八週齢未満の子犬の販売が規制されている（64ページの表2）。

「八週齢未満の子犬は母犬から引き離してはならない」（ドイツ）

「八週齢に達していない犬を販売してはならない」（英国）

などと具体的な日数が法令等で定められている。このように「八週齢規制」がある状態が当たり前なこととして、欧米先進国では受け入れられているのだ。

表 2 海外における幼齢犬の販売規制の例

米国	最低生後8週齢以上及び離乳済みの犬猫でない限り、商業目的のために輸送または仲介業者に渡されてはならず、また何者によっても商業目的のために輸送されてはならない(連邦規則)。
英国	犬の飼養業の許可を受けている者は、許可を受けている愛玩動物店もしくは飼養案者に対し、生後8週齢に達していない犬を販売してはならない。
ドイツ	8週齢未満の子犬は、母犬から引き離してはならない。ただし犬の生命を救うためにやむを得ない場合を除く、その場合であっても引き離された子犬は8週齢までは一緒に育てなければならない。
スウェーデン	生後8週齢以内の幼齢な犬、生後12週齢以内の幼齢な猫は母親から引き離してはならない。生後8週齢倣内の幼齢な犬、生後12週齢以内の幼齢な猫は、飼養者から離してはならない。
オーストラリア	生後8週齢以下の子犬及び子猫は、売りに出してはならないにューサウスウエールズ州)。すべての動物は離乳と自立ができるようになる時期まで販売してはならず、犬猫ともに最少年齢は8週齢とする(ビクトリア州)。

(環境省の調査を基に作製)

日本では、どうだったのか。前述の通り、二〇一三年九月に施行された改正動物愛護管理法で初めて、幼齢犬販売について具体的な日数をあげた規制が実現している。ただ改正動愛法の八週齢規制は極めて不十分な状態にあり、それは後述する。まずは、二〇一三年九月以前、幼齢犬の販売が法律上は放置されていた時期の状況を説明しておく。

まずペットショップの店頭では、生後四十日に満たない子犬が、当たり前のように展示販売されていた。ここまで述べてきたように、そのほうが高く、早く売れるのだから、当然だ。ペットショップの経営者らの問題意識は低かった。ペット小売り最大手のコジマでは、取材した当時、販売している子犬の一割程度が生後四十日未満だった。獣医師でもある川畑剛常務はこう説明していた。

「社会化期についてはいろいろな説があります。四十日程度で親元から引き離されると問題行動を起こしやすいといわれますが、すべてがそうなるわけではありません。エサを食べて元気であれば、四十日未満で売っても問題はないと考えています」

さらに、仕入れ先としてペットオークションに頼っている現状では、現実問題として八週齢以上の子犬に限った販売は困難だと主張した。

「なぜ若い犬を販売しているのかといえば、それはペットオークションでは若い犬が主流になっているからです。生後六十日近い子犬なんて、実際問題ペットオークションではほとんど見ません。問題意識が欠けているといわれればそれまでですが、これは自家繁殖をしておらず、ペットオークションに頼っている弱みでもあります。ブリーダーとの直取引を増やすのが理想ですが、年間二万匹販売しているなかで、それをまかなえる数だけ良質なブリーダーを見つけるのはたいへん困難です」

確かに、ペットオークションからの仕入れを行わず、ブリーダーや繁殖業者からの直取引だけで年間販売量をまかなっているAHBインターナショナルの小川明宏代表は、だいぶニュアンスが違っていた。

「現状では、私たちの店舗にいる子犬はだいたい七週齢です。私たちは法律が『八週齢』と決めるのなら、それで構わないと思っています。小売業者が『大きくなるとかわいくなくなる』などと抵抗していては、いつまでたってもこの業界は変われませんから」

無節操ではいけないから「自主規制」

では、多くのペットショップの仕入れを担っているそのペットオークションはどうだったのか。各社とも一応は、「自主規制」をしていた。

例えば、日本最大のペットオークションを経営するプリペットでは、その規定で「出品生体は原則四十日以上」としている。ただ例外もあり、「生後三十六日目以上四十日未満の生体については審査官の判断により出品の良否を決める」としている。

幼齢犬の販売問題について、プリペット側はこんな見解を示していた。

「子犬は小さな状態で手に入れ、育てるのが日本の文化。社会化期には明確な基準値が無く、私たちとしては六週齢でペットショップに渡るのが適切なペースだと考えている。また肉体面の成長と精神面の成長は同時に進むから、生体個々の肉体的な成長度合いを慎重に確認することで問題は避けられます。親犬がいなくても、一匹で寝られ、エサも食べられるなら、社会化されていると判断できます」

また全国の十四ペットオークションが加盟するＰＡＲＫでは「四十日未満の幼齢犬は出荷禁止」と定めていた。宇野覚会長はこう説明していた。

「八週齢まで引き離してはいけないという根拠はない。問題行動を抑制するためにはむしろ、なるべく早く人間の手元に置いたほうがいい。早くに引き離したから問題行動が起きたという声が、我々のところには聞こえてきません。それでも無節操ではいけないから、我々は現場で商売をしている経験から、四十日という線引きをしました」

そのうえで、日本の消費者が幼い子犬を求める傾向を指摘し、業界団体としての主張をこう続けた。

「日本人は犬を擬人化して飼う傾向があります。だからころころとかわいい子犬を好み、そこに商品としての『旬』が生まれます。現状は、世の中のニーズに商売人が合わせた結果、ということです。世論が八週齢規制に向かっているといいますが、それは本当に一般の消費者の声を反映しているのですか？」

改正された動愛法

二〇一二年八月二十九日、改正動愛法は参議院本会議で全会一致で可決され、成立した。二〇一三年九月一日、その改正動愛法が施行された。犬の殺処分を巡る問題は、新たなステージに入ったと言える。

今回の法改正にあたり、改正作業にかかわった関係者の多くが「殺処分ゼロ」という高い理想を掲げて臨んだことは間違いない。その結果、動物取扱業者は、販売が困難となった犬や猫についても、終生飼養の確保を図らなければならなくなった（第二十二条の四）。また、犬や猫の所有状況について、個体ごとに帳簿に記録し、都道府県知事に報告しなければならなくなった（第二十二条の六）。さらに、犬猫を販売する際には事前の現物確認と対面説明が義務づけられ、インターネット販売は規制されることになった（第二十一条の四）。狂犬病予防法や化製場法に違反した業者については動物取扱業の登録を拒否または取り消しできるようになった（第十二条の五）。

動物取扱業にかかわる項目以外でも、前進があった。多頭飼育について自治体の目が行き届きやすくなり、その自治体は動物取扱業者からの犬の引取を拒否できるようになった。虐待事例も明記されたし、罰則も厳しくなった。そして初めて、犬や猫の「殺処分がなくなることを目指して」と明記された（第三十五条）。

だが、動物取扱業を適性化するための切り札になるはずだった八週齢規制は「骨抜き」になってしまった。それは、ＰＡＲＫの宇野覚会長が主張したように世論が無かったため、ではない。むしろその逆だ。世論が八週齢規制を望んだのに、それが実現しなかった。日本の犬ビジネスを取り巻く「闇」の深さが、八週齢規制を巡る攻防でより鮮明になったのだ。

多少、時系列が前後するところもあるが、何が起きたのか、説明していく。

なぜ「骨抜き」になったのか

二〇一〇年六月十六日、東京・九段の日本武道館にほど近い農林水産省三番町共用会議所。そこでこの日、環境省の中央環境審議会動物愛護部会が開催された。

集められたのは林良博・東京農業大学教授（部会長）や臼井玲子・日本愛玩動物協会理事、永村武美・ジャパンケンネルクラブ理事長（いずれも臨時委員）ら愛護動物にかかわりのある識者ら九人。事務局は環境省が務め、田島一成環境副大臣も出席した。

動愛法はその附則第九条（二〇一三年の改正後は附則第十五条）で「施行後五年を目途として」

見直し、必要があれば法改正を行うよう定められている。動愛法改正に向けた議論がこの日、始まったのだ。

会議の冒頭、環境省の西山理行動物愛護管理室長はこう切り出した。

「前回の改正では動物取扱業について届出制から登録制にしたり、あるいは罰則を若干強化したりと、かなり大きな改正を行った。しかし残念ながら、その後も不適切な飼い方、売り方などの事例が後を絶たない。現状では、不幸な動物が国内にたくさんいるといわざるを得ません」

続いて、部会の事務局を務める環境省の担当者が九項目にわたる「主要課題」を読み上げていった。その量は膨大なものとなったが、中心となったのはやはり、「動物取扱業の適正化」だった。

そのなかに、

「販売日齢制限の具体的数値の検討」

という項目があった。

八週齢（生後五十六日）規制導入に、環境省も本気になった証だった。環境省も幼齢犬の販売について数値的規制が必要だと考えており、具体的な日齢を定めた規制の導入まで持っていく考えが示されたのだ。環境省の担当者はこう明かした。

「八週齢規制の問題については大きな議題になるでしょう。実際に何日で規制をするのか、詰めていくことになる」

当時、与党だった民主党も八週齢規制導入にはきわめて前向きだった。例えば、野田佳彦内閣の財務大臣を務めた城島光力衆院議員。東京大学農学部畜産獣医学科を卒業した城島氏は二〇〇九年十一月に「犬・猫等の殺処分を禁止する議員連盟」を立ち上げていた。城島氏が会長に就き、事務局長は生方幸夫衆院議員が務めることになった。生方氏は二〇一一年から衆院環境委員長に、二〇一二年からは環境副大臣に就くことになる。城島氏は二〇一〇年四月、議員会館の一室でこう話した。

「殺処分はなんとかゼロに近づけていかなければいけない。ペットの流通・小売業は、ずっと手をつけることができなかったために、現実のほうが先行しすぎている。早く規制をかけなければいけない。『八週齢規制』は、動物愛護法改正において大きなポイントになるだろうが、畜産獣医学科で学んだ立場からも、これは必ず盛り込めるようにしたい」

二〇一〇年八月になると、中央環境審議会動物愛護部会の下に「動物愛護管理のあり方検討小委員会」（以下、小委員会）が立ち上がり、議論が深められていった。

そこで早速、流通・小売業者らの「巻き返し」が始まった。前回、二〇〇五年の動愛法改正の際は「八週齢規制」が業界側の反対に押し切られ、実現できなかった経緯もあった。今回も八週齢規制が、業界による規制強化反対運動の主要なターゲットになったのだった。

業界による反対運動

二〇一〇年八月十日、東京・霞が関にある環境省の一室で開かれた一回目の小委員会では、一部の委員から動物愛護法の見直しそのものに疑義が呈された。

「なぜ動物愛護法を改正する必要があるのか。誰が変えろといっているんだ」

ある委員は、そんな論陣を張った。小委員会のなかには業界の「利益代弁者」が少なからず入っていたのだ。委員の選考過程について、環境省はこう説明した。

「規制が必要だと考える側とその規制をかけられる側の双方から、それぞれの考えや立場を代表できる方々を集めた」

さらに、委員に選ばれた学識経験者のうち複数人が、二〇一〇年八月に発行されたあるペット業界誌の座談会に登場し、八週齢規制について慎重論を展開した。

「法律に具体的な数値を書き入れることは危険だという思いはある」

「これがすべての犬種にあてはまるかは難しいところ」

そんなふうに見解を述べたのだ。この業界誌を発行する会社の代表は当時、ＺＰＫの事務局長を務めており、その社内にＺＰＫの事務局が置かれていた。ＺＰＫの広報担当を担う人物も、この会社に在籍していた。

その三カ月後、二〇一〇年十一月にはＺＰＫのほか、犬の血統証明書発行団体「ジャパンケネルクラブ（JKC）」（理事長、永村武美・小委員会委員）や大手ペットフード会社など約九十社で作る「ペットフード協会」（会長、越村義雄・日本ヒルズ・コルゲート名誉会長）などを含む業界八団体が連名で、『動物の愛護及び管理に関する法律』の改正に関する要望」を当時の松本龍環境相にあてて提出した。そこでは、

「当面これ以上の規制強化（例えば許可制への移行）は行わないこと」

「幼齢動物の販売については、現在、我が国の生体流通・販売の実態を踏まえた、業界による自主規制が行われており、特段の問題が発生しているという事実はないことから、当面は、この自主規制に委ねるべきである。（中略）科学的根拠のない数的規制の導入により、ペット飼育のインセンティブが損なわれるようなことがあってはならない」

などと、あたかも業界全体で自主規制が機能しているかのような主張をしつつ、改正が検討されていた主要な項目、特に八週齢規制について強く反対の姿勢を打ち出した。

二〇一一年三月十一日に東日本大震災が起きると、動愛法の改正議論の関心は、被災動物の保護やペットとの同行避難に移る場面もあった。福島第一原発の事故による被害の拡大もあって、環境省動物愛護管理室も、目の前の被災動物への対応に追われた。

だがこの間も、業界による八週齢規制反対の打ち手が緩むことはなかった。

動愛法の改正が翌二〇一二年に迫り、環境省は二〇一一年夏、八月二十七日までの一カ月間に

わたって、小委員会でも大きな論点となってきていた動物取扱業の適正化についてパブリックコメント（意見募集）を実施した。すると、二〇一一年八月半ば、ペットショップ経営者らにこんな「要請文」が送られてきた。

「関連団体と協力の上、一通でも多くの意見を環境省に提出することといたしておりますので、組合員の皆様のご協力をお願いいたします」

同封されていたのは、「意見例」と「提出用紙」が三十セット。送り主の欄には、中央ケネル事業協同組合連合会（ＣＫＣ）の団体名とその代表理事、福森美由紀氏の名前があった。ＣＫＣは、ペットショップ経営者ら全国約千の動物取扱業者が加盟する、主要な業界団体の一つだ。要請文には、連合会全体で三万件以上の意見提出を目指すとして、組合員一人あたり「三十件を努力目標として掲げています」とノルマが設けられていた。

環境省はが行っていたパブコメに、ＣＫＣは大量の「組織票」を送ろうとしたのだ。桜井要治事務局長は、取材にこう説明した。

「悪徳業者をただすのは当然だが、今回の法改正案はまじめにやっている業者に対してもあまりに厳しい。この問題に対する組合員の認識の度合いが低く、関心を持ってもらうために要請文を出した。努力目標を設けたが、強制ではない。やれることは、やらないといけない」

ＣＫＣが同封した意見例には、八週齢まで子犬を生まれた環境から引き離すことを禁止する「八週齢規制」や繁殖犬の健康を守るための「繁殖制限措置」、「ペットオークション規制」などについて反論が列挙されていた。例えば、こんな内容だ。

「現在、ペットオークションでは四十日齢で自主規制しているが特段の問題はない。四十五日齢でよい」

「四十五日齢まで親元におけば十分である」

これらの意見例は、先に述べた業界八団体による環境大臣あての「要望書」の内容とも酷似しており、

「いくつかの業界団体で集まってまとめたもの」（業界団体関係者）

だという。

だが八週齢規制はもちろん繁殖制限措置も、英国やドイツなどでは既に長年の知見に基づいて法制化されており、法改正の目玉となっているものだ。ＣＫＣの意見例は多くが根拠が薄弱で、「自主規制に任せるべきだ」などとしているあたり、なりふり構わぬ運動といえる。

しかも、同じ理屈で組織票を集めようとしたのは、ＣＫＣだけではなかった。動きは、業界全体に広がっていた。

ペット保険大手のアイペットでは、営業部門の社員を中心に口頭などで意見提出を呼びかけた。ある業界団体から協力を求められたためだという。その際、ＣＫＣが送付した意見例のうち八週

齢規制にかかわる部分について、ＣＫＣの「意見例」とほぼ同じ内容の「回答例」を、「どう書いていいかわからない社員のため、参考までに」（同社広報室）として、社員に示した。同社広報室は、「ペットショップ目線だと、良くない法改正だ。でも、呼びかけは強制ではなかった」

血統証明書の発行などで知られる「ジャパンケンネルクラブ（ＪＫＣ）」も組織票集めに走った。二〇一一年八月十七日付で、「未だ意見を提出されていない方々におかれましては（中略）積極的に意見を環境省宛にお寄せください」などとする文書を、専務理事の大島照明氏の名前で約千の正会員あてに送っている。

ＪＫＣも同様に「コメント例」を同封しており、『コメント例』を参考に、ご意見をご記入ください」と呼びかけていた。八週齢規制に反対するためのコメント例の中には、ホームページで「動物愛護精神の高揚のために活動している国際的愛犬団体」とうたう組織とは思えない、こんなものもあった。

「犬を購入する際に顧客が一番気にするのはかわいいことである。犬種により異なるが、十一週齢を過ぎると次第にそれが消失する。すなわち、犬を飼いたいという気持ちが損なわれるばかりでなく、ショップはわずか一〜二週間の内に仕入れた子犬をすべて売り切らなければならないこととなるが、それは極めて困難である。このため、売れ残り（すなわち処分せざるを得ない犬）が増加する恐れがある」

愛犬団体を名乗りながら、犬は大きくなればかわいくなくなり、そうなれば売れ残り、そんな犬は殺処分せざるを得ない――ということを認めた上で、八週齢規制に反対しているのだ。しかも文書では、「クラブ会員への周知方も併せてお願い申し上げます」と約十万いるクラブ会員への周知も促すなど、ＪＫＣの組織をフル活用している様子もうかがえる。

同じく血統書の発行などを行っており、愛犬家の団体と称する「日本社会福祉愛犬協会」も、「今回の法改正は当然のことながら動物取扱業者の将来に大きな影響を与えることは必至です」とする文書を契約業者らに送付。ＣＫＣの「意見例」と酷似した「意見例」を使って、組織票集めを試みている。そのお願い文書には、「次のことは必ずお守りください！」という項目があり、「個人名でお願いします。店舗名や法人名では受け付けてくれません」「書類『意見の提出例／意見例』の用紙を『提出用紙』と一緒に送ることだけは絶対にしないでください」

と注意する徹底ぶりだった。

パブコメ制度をふみにじる業界

パブコメ制度は、法律や省令などを改正する際に広く一般国民からの意見を募るものとして、一九九九年から全省庁で導入された。規制を強化される側が「組織票」を動員すれば、制度の趣旨が損なわれるのは明らかだ。

　環境省によると、このとき実施されたパブコメには、約十二万件もの意見が寄せられたという。通常のパブコメとは一桁違う件数だった。環境省は業界団体の動きについて、こう見ていた。

「住所氏名だけが手書きで、あとは同じ印刷物が添付されているというものが少なくなかった。業界関係者からの組織票というのは、見ればすぐにわかるが、これほど来るとは思わなかった」（同省動物愛護管理室）

　後日、公表された資料によると、八週齢規制に賛成する意見は六万二三九四件（八週より長い日齢規制を求める意見も含む）にものぼった。その一方で、業界団体が組織票を動員してまで主張しようとした「業界の自主規制に任せるべきだ」や「四十五日齢規制で十分」といった意見は四万六三七二件にとどまった。業界団体の組織票集めが額面通り機能したとすれば、四万票あまりのうちほとんどが組織票だったことになる。この時点で、世論は明らかに規制強化、八週齢規制導入を支持していたのだ。

　余談だが、パブコメの結果を検討した際の小委員会で苦笑をもって受け止められた意見が複数あった。それは業者からと考えられる、八週齢規制に反対するためのこんな意見だった。

「長く親元に置いておくと、子犬が親を攻撃してけんかしてしまう」

　実は子犬はこうした行動を通じて、社会化期におけるきわめて大切な経験を積んでいるのだ。

歯が生えてきた子犬が母犬をかめば、母犬は痛いから子犬を怒る。それで子犬は、このくらいかんだら痛いんだ、もうかまないようにしよう、と学ぶ。この業者は、それが「問題」だと意見を寄せてきた。生体を扱うプロとして、いかがだろうか。

二〇一一年十一月に日本小動物獣医師会が会員獣医師を対象に行った調査では、専門家らの意見も八週齢規制導入に賛成であることが確実になった。八十一・三％が「五十六日（八週）以上」を親犬などから引き離す日齢として好ましいと回答したのだ。数多くの専門家らが、子犬を生まれた環境から引き離すタイミングとしては八週齢がふさわしいことを証言している。そして、繰り返しになるがドイツでは二〇〇一年、八週齢未満の子犬は母犬から引き離してはならないという「八週齢規制」が全国的に導入された。英国などでも八週齢規制を導入されている。八週齢規制は、犬の健康を守り、さらには安易に捨てられる犬を減らすのだ。

二〇一一年十二月二十一日、合計二十五回もの議論を重ねた末、小委員会は「動物愛護管理のあり方検討報告書」をまとめた。八週齢規制については、業界団体の「全国ペット協会（ZPK）」などが主張する「四十五日齢」、科学的裏付けがあり欧米並みの「八週齢」、その間をとった「七週齢」でそれぞれ線を引く、三論併記の形で記載された。世論や世界の潮流を反映したとは言えないこの「三論併記」の報告書が出たことで、少しずつ動物愛護法改正の雲行きが怪しくなっていく。

まず、もともと内閣提出法案（閣法）での改正を目指していたものが、議員立法による改正に切り替わった。

「小委員会の報告書がまとまった段階で、両論併記の項目がいくつかあった。特に『八週齢規制』について八週齢で行くのか、それとも七週齢にするのか、はたまた四十五日齢にするのか、政治決断が必要だろうということになった。役所と与党とで相談する中で、議員立法で、ということに決まっていった」（環境省動物愛護管理室）

それでも与党・民主党は八週齢規制の導入に積極的だった。民主党の「動物愛護管理法改正を検討する議員連盟」会長、松野頼久衆院議員（二〇一二年の衆院選を前に、日本維新の会の結党に参加）は二〇一一年十一月五日、大阪府内で開かれたペット法学会の集会でこう訴えていた。

「私たちは八週齢規制を目指しています。あまりに幼い犬が販売されるのは好ましくない。どこかで線を引く必要がある。党内に動物愛護に関する議連が三つありますが、三議連ともに八週齢で考えています」

議員立法の場合、与野党間で意見の対立が少ないと考えられるものについては、慣習的に、与野党が事前に合意した上での委員長提案が求められる。そのうえで衆参ともに全会一致で法案を成立させる。つまり閣法と違い、仮に衆参それぞれで過半数の議席を占めていたとしても政府与党の一存では決められず、野党との連携が必要になってくる。

そんななかで、自民党とは足並みがそろいつつあった。

松野氏の大阪での発言があったのと同じ月の下旬、二〇一一年十一月二十九日、四十人を超える国会議員が参加して自民党の「どうぶつ愛護議員連盟」が設立された。設立総会の場では、集まった議員らから八週齢規制を推す声があがった。議連の幹事長を務める松浪健太衆院議員(二〇一二年の衆院選を前に、日本維新の会の結党に参加)はこう話した。

「自民党と民主党とで、動物の命に対する考え方が違うということはない。自民党としての意見をまとめたうえで、将来的には共同歩調を取り、超党派の議連にしたいと考えている。八週齢問題については、確実に前進できるようにしたい」

こうした動きに対して、ZPKなどの業界団体は危機感を募らせた。業界団体は、それまでの自主規制「四十日齢」から五日分だけ引き上げた「四十五日齢」での自主規制を主張して、この局面を乗り切ろうとした。

業界団体のロビー活動

業界団体幹部らは、「根拠のない規制が命（ペット）と接する機会を奪う」と題した書類を持ち歩き、議員会館などで国会議員の説得にあたった。彼らの主張を要約すると、この段階でも相変わらずこんな内容だった。

「科学的に明確な根拠のない規制を強引に導入すれば、日本社会からペットとともに暮らす貴重な機会を奪うことになりかねない。欧米の研究データは中・小型犬を対象としたもの。小型犬種が多い日本の実情にかなっていない。神道や仏教、アニミズムの影響を強く受けた日本の飼育文化は、欧米とは異なる発達を遂げてきた。だから日本人は欧米人に比べて、幼い動物を好む傾向がある。ペット業界ではこうした状況を受けて、四十日齢で自主規制を行ってきたが、これまで特段の問題は発生していない」

そして、動物取扱業者千五百人を対象に行ったというアンケート結果を披露する。八週齢規制が実現すればブリーダーの七十四・二％が「生産コストが増加する」、七十六・八％が「生体の卸価格が下降する」と回答。またペットショップも、七十九・六％が「売り上げが減少する」と考えているという。さらに、その結果、「ブリーダーの二十八・五％、ペットショップの十二・三％が廃業」などと円グラフを使って説明していた。

動物愛護の観点から議論が深まったこの段階でも、彼らが反対する背景にあるのは、八週齢規制が実現すればビジネスが立ちゆかなくなるという懸念だけだったのだ。一方で、ではどのタイミングで子犬を生まれた環境から引き離すのが適切なのか、「生体のプロ」としての彼らなりの「科学的根拠に基づいた見解」は全く示されていない。さらには、彼らにとっての「商品」である子犬や子猫の心身への影響には全く触れていないのだ。

議員立法による改正が確実になったこのころから、公明党だけは、業界寄りの見解を持っているといわれていた。公明党の高木美智代衆院議員は二〇一一年十二月、個人的見解だとして私の取材にこう答えた。

「規制を導入するには科学的データが足りません。日本では小型犬中心の飼養だが、欧米では大型犬の飼養が中心。欧米のデータを持ってくることに疑問があります。もっと議論を積み重ねるべきです」

高木氏の発言と業界団体の主張とが似通っていることは明らかだった。

一方で、業界団体が主張する「四十五日齢」には当時しきりに、専門家からの疑問の声があがっていた。先に示した日本小動物獣医師会の調査結果もそう。さらに日本獣医師会の山根義久会長も二〇一二年四月十四日、千葉県松戸市で行われた「動物愛護法改正を考えるフォーラム」でこんな発言をしている。

「四十五日齢は、ちょうど離乳前後で免疫力も低下する不安定な時期。問題が起きてくるのは当たり前だ。八週齢であることがきちんと担保されるのが前提条件だが、八週齢規制が導入されれば皆がそういう犬を買うことになるだけ」

業界団体と距離を置く業者

さらに、ＺＰＫなどの業界団体とは距離を置くペットショップチェーン経営者やブリーダーからは、むしろ規制導入に賛成の声が聞こえてきた。関東地方に本社を置く中堅ペットショップチェーン幹部は、取材にこう話した。

「うちは子犬の状態を直接ブリーダーに確認しながら、生後五十日を過ぎてから仕入れている。四十日齢とか四十五日齢で仕入れれば、子犬にストレスがかかるのは明らかで、規制がかかっていないこと自体がおかしかった」

全国でペットショップを展開する大手のＡＨＢインターナショナル。取材当時は六週齢で仕入れるか否かの線引きしていたが、小川明宏代表は、

「小売業の基本は品質保証。八週齢くらいというのは心身ともに健康面で安心できるようになるころで、お客さんに負担をかけずに済むという意味で納得感はある。正直、何週齢で販売するのが適切なのかはわからないが、販売できる日齢を法律で決めるのはいいことだと思う」

八週齢規制に関する議論が盛り上がりを見せる中、二〇一一年十一月から十二月にかけて、日本各地のブリーダーを取材して回った。熊本県では、毎年三百匹前後生まれる子犬をすべてＡＨＢに出荷しているブリーダーに話を聞いた。三十年以上の経験があるというそのブリーダーの見解はこうだった。

「八週齢くらいになると鼻が伸び、フワフワだった毛がぼそっとしてくる。売りにくくなるのは間違いない。現在だいたい六週齢を超えたくらいで出荷しているが、すべてＡＨＢさんに出して

いるので出荷後もしばらくは兄弟で一緒にいられる。いまでも十分だと思ってはいるが、八週齢まで置いておけば、兄弟犬や人間との遊びを通じて学ぶ機会が増える。確かに、飼い主さんの元にはより良い状態で行けると思う」

千葉市内の住宅街で十年ほど前からトイプードルを繁殖させている男性は、七十五日齢以上でないと飼い主に引き渡さないという。

「お渡しできるのはもう少し先ですよ」

見学に来た購入者がすぐに連れて帰りたいと言っても、必ず断る。生後三十日を過ぎたころから離乳を始め、その後は一日五回、兄弟犬や日齢の近い子犬たちと遊ばせ、そこに人間も混じる。

「そういう遊びを百回以上も繰り返しているうちに性格が形成されていきます。飼い主以外の人にもよくなつき、ほかの犬とも仲良くできる性格が培われる。それが犬にとっても飼い主にとっても幸せなことなんです」

茨城県取手市内の女性ブリーダーもこう主張した。

「まともなブリーダーは皆六十日齢以上で引き離している。八週齢規制は当たり前だし、業界の健全化のためにも早く法制化してほしいくらいです」

女性は自宅内を改装してプードルを繁殖させているが、子犬は人懐こく、無駄吠えはまったくしない。ペットショップの店頭より高い値付けでも、購入希望者が後を絶たないという。

中型犬で、日本固有の犬種である柴犬でも事情は同じ。長崎県内で柴犬のブリーダーをしている夫婦は、引き渡し時期を早くても六十日齢前後としている。だから、兄弟犬や人との社会化が適切に行われ、無駄吠えもかみ癖もない子犬ばかりを販売できている。生後四カ月くらいの子犬もいるが、「かえって飼いやすい」という理由で、そういう子犬を希望して買っていく人も少なくないという。

「六十日齢は最低ラインだと思う。それだけ手間もかかるが、手間をかけた子だけが流通するようにならないと」

少し話がそれるが、こうした優良ブリーダーたちが売る犬のほうが、一般的にペットショップで売られている犬よりも高く取引されているということに言及しておきたい。例えばトイプードルだとペットショップの店頭では十五万〜二十万円程度で売られているが、前述の千葉県のブリーダーなどが販売する際には四十万円程度が相場だ。これは適切な社会化期を過ごした子犬は良い状態で飼い主に渡せる、つまりは付加価値が非常に高い状態で販売できているということ。そうであればこそ、八週齢規制が導入されても彼らが廃業するようなことはありえないし、規制導入に積極的な賛意を示しているのだ。

動物愛護部会の部会長で小委員会委員長を務めていた林良博・東京農業大学農学部教授は

二〇一一年十二月、私の取材にこう話した。

「業界団体は業界団体の利益になることしか言わない。業界の自主規制ではもうだめだ。今回の法改正では、数字を明記することに意味がある」

こうして世論、専門家、意識の高いペットショップやブリーダーなどの間で八週齢規制導入に向けた社会的合意が成立していった。一方ではやはり、一般的なペットショップや繁殖業者らは業界団体を前面に押し出して、反対を続けていた。

「抵抗勢力」の存在

最後の関門は与野党協議だった。その場に、与党民主党は八週齢規制導入を盛り込んだ「与党案」を持ち込んだ。

民主、自民、公明の三党実務者協議（途中から生活も加え四党）は二〇一二年六月十三日から始まった。九回にわたって行われたその内情を取材すると、「抵抗勢力」が見えてくる。協議関係者はこう明かす。

「販売業者サイドの意向を強く出して、八週齢規制に反対する議員がいた。四党合意ができなければ改正そのものが流れる可能性があり、落としどころを探らざるをえなかった」

情報を総合すると、その議員とは公明党の高木美智代衆院議員ということになる。実務者協議での高木氏の発言は、確かに「業界寄り」だったようだ。取材で明らかになった実務者協議の様子を、順に追っていきたい。

協議の第一回から、高木氏の立場は鮮明になる。

「最終的に三党協議で成案を決める。民主党の案の土台になったのは中央環境審議会の小委員会で議論されてきたものだ」

まず、民主党環境部門の動物愛護対策ワーキングチーム（WT）座長を務めた田島一成衆院議員が、民主党がまとめた改正案の骨子を提示し、そう説明を加えた。すると高木氏はこう指摘する。

「民主党は実現可能性の話を水面下で関係者と折り合いをつけてもらいたい。政治主導で愛護団体の意見を強く出すのはよくない」

だが田島氏も説明しているように、民主党が提示した改正案骨子は、あくまで環境省の小委員会での議論とその報告書をベースにしている。決して、「政治主導で愛護団体の意見を強く出した」ものではない。先に触れたように、小委員会の報告書はむしろ、パブコメの結果を軽視して業界団体の意向にことさらに寄り添ったものと言えなくもない。高木氏がなぜこのような指摘をするのか、理解に苦しむところだ。

二〇一二年七月にはＺＰＫから太田勝典会長らが招かれ、八週齢規制についての意見を聞く回が設けられた。業界関係者が法改正の内容に大きくかかわれる機会が設定されたわけだ。この場で太田氏らは「五十六日は古い数字であり、正しいとは思えない。我々の理解は得られない」「業界が守れるような法律に」などと言いながら、八週齢規制への反対意見を述べた。

　この日の業界団体の説明を受けて、後日、複数回にわたって行われた意見交換の場では、こんなやり取りがあった。

「週齢の数値規制を入れるのは当たり前だ。日本小動物獣医師会のアンケートを見ても八週齢規制の声が圧倒的に多い」（民主党の松野頼久衆院議員）

「ペット業界からは科学的根拠がないのに規制をうけるのか、という意見があった。国としても根拠を整理すべきだ」（高木氏）

　さらに、高木氏は重ねて主張する。

「環境省は業界と向きあい、落としどころの案を出してほしい。業界と向き合ってもらわないと。現場の意見をくみ上げるために全国ペット協会とすりあわせをお願いしたい」

　こうした高木氏の発言は、与野党協議の場でどのように受け止められたのか。与野党協議が大詰めを迎えたころ、ある議員からこんな発言がなされたという。

「公明党と違って、五十六日規制の要望が強いのなら、その通りでいいと思っている」

　高木氏が業界と向き合い、すり合わせをせよと言うのは、つまり「八週齢」に反対し、業界団体が主張する「四十五日齢」での規制を求めているのだと、与野党協議関係者らは受け止めたのだ。しかしここまで書いてきたように、四十五日齢での引き離しは、問題行動を引き起こす確率が有意に高まるほか、ちょうど免疫力の低下する時期でもあり、研究者や日本獣医師会などの専門家はこぞって否定的なのだ。しかも、二〇一二年八月十六日の与野党協議では、動物行動学の専門家による決定的な証言がなされる。

この日、与野党協議の場に招かれたのは麻布大学獣医学部の菊水健史教授と獣医師で日本動物福祉協会調査員の山口千津子氏の二人。後日、菊水教授に取材したところ、与野党協議関係者らに説明した内容は次のようなものだった。

菊水教授は米ペンシルベニア大学獣医学部のジェームス・サーペル教授と共同で研究をしている。その元となるデータは米国では一九九〇年代半ばから、日本では二〇一一年十月から取り始めており、米国は一万五千匹分、日本は五千匹分が蓄積されている。このうち生年月日と生まれた環境から引き離された日付が確実にわかるデータが米国は一万二千匹分、日本は一千匹分あるという。これらをもとに、生まれた環境から引き離されたタイミングと問題行動の出現度合いを分析した。すると、「七項目中七項目で、四十九日齢以降に引き離した個体より、四十九日齢未満で引き離した個体のほうが、明らかに悪い数字が出た。このことから、動物行動学的には少なくとも四十九日齢は担保しないといけないことがわかる」という結果が出た。

菊水教授のいう七項目とは、61ページで紹介した図2にある「見知らぬ人に対する攻撃行動」「飼い主に対する攻撃行動」「他の犬に対する攻撃行動」「非社会的恐怖行動」「触れられることに対する興奮行動」「分離による問題行動全般」という六つの問題行動に、「見知らぬ人に対する恐怖行動」を加えたものだ。つまり四十九日齢（七週齢）より前に生まれた環境から子犬を引き離せば、成犬になったときにこれら七つの問題行動を起こす可能性が相当高くなってしまうのだ。

さらに、菊水教授の説明は続く。では、四十九日齢と五十六日齢（八週齢）とを比べるとどうなのか。菊水教授はこう指摘する。

「五十六日齢以降に引き離された個体は、四十九日齢で引き離された個体に比べ、七項目中五項目で有意に良い結果が出た。『触られることに対する興奮行動』と『見知らぬ人に対する恐怖行動』については、四十九日齢も五十六日齢も変わらなかった。つまり、五項目については、七週齢よりも八週齢で引き離すほうが改善の余地があるということです」

研究結果は、明らかに八週齢規制を是としているのだ。こうした説明を受けて高木氏は尋ねる。

「業界はやっと四十二日齢まで来た状況。四十九日齢を法律で規定する考えはどうか」

対して、二人の専門家はこう答える。

「五十六日齢という目標はあったほうがいい」（菊水教授）

「五十六日齢を掲げておいたほうが、業者の心構えも醸成される」（山口氏）

このような経緯をたどっても、八週齢規制は実現しなかった。

「妥協の産物になった」

前述の通り、二〇一二年八月二十九日、改正動愛法は参議院本会議で全会一致で可決され、成立した。与野党協議に携わってきた民主党の松野頼久衆院議員はこの日、議員会館内の事務所で改正動愛法についてこう評価した。

「全体としては大きな進歩があったと思う。ただ、すんなり『五十六日』といかなかったのだから、七十点くらいの内容だ」

松野氏のいう「五十六日」とは、もちろん「八週齢規制」のことだ。生まれた環境から早くに引き離されることで子犬が精神的外傷を負って問題行動を起こしがちになるのを防ぐ、法改正の目玉だった八週齢規制は「骨抜き」になってしまったのだ。

確かに改正動愛法では「第二十二条の五」が新設され、繁殖業者は子犬や子猫が生後五十六日を経過するまでペットショップなどに引き渡すことを禁止されている。しかし同時に、この条文は二つの「附則」によって有名無実化している。

「(施行後三年間は)『五十六日』とあるのは、『四十五日』と読み替える」

「(施行後四年目から)別に法律で定める日までの間は、(中略)『五十六日』とあるのは、『四十九日』と読み替える」

つまり、法律上は八週齢規制が実現したはずなのに、附則があるために、引き離し禁止期間が当初三年間は生後四十五日まで、四年目からは生後四十九日までとされている。しかも、禁止期間が生後五十六日になるかどうかは、「別に法律で定める」となっていて、今回の改正動愛法では全く担保されていない。言うまでもなく、「四十五日」は業界団体が主張していたラインであり、「四十九日」は与野協議の場で公明党の高木美智代衆院議員が提案したラインだった。動物にかかわる法律に詳しい細川敦史弁護士はこう指摘する。

「附則が存在することで、本則が適用される時期が不明確な法律というのは極めて異例。一九八三年に出資法を改正して上限金利を定めた際、似たような激変緩和措置を設けた事例はあるが、この時は本則が適用されるまでに約八年かかっている」

与野党協議の出席者で、長く動物愛護活動に携わってきた国民の生活が第一の岡本英子衆院議員は悔しさを隠さなかった。

「半歩でも前進させるために、折り合いをつけざるをえなかった。ものすごく歯がゆい」

マイクロチップの義務化とセットで八週齢規制を検討してきた自民党の松浪健太衆院議員も、二〇一二年八月二十一日の党環境部会の場で、こう苦悩をにじませていた

「八週齢の問題に最後まで時間がかかり、大変苦慮した。妥協の産物になった」

公明党の高木氏はなぜ、業者寄りの発言を繰り返したのか。改正動愛法の施行を四カ月後に控えた二〇一三年五月七日、私は改めて高木氏に取材を申し込んだ。高木氏の文書での回答は次の

通りだった。

「一方的に私の発言を『業界寄り』と決めつけています。このような基本姿勢のままの質問にはお答え致しかねます。そもそも昨年の動物愛護管理法の改正は、四党による実務者協議で合意したものです。法改正は各党の実務者が何度も議論して納得できる合意点を見出した結果です」

議員立法の場合、与野党間の合意がなければ提案すらできない可能性があることは、先に述べた通りだ。つまり今回の動物愛護法改正のケースも、仮に、ある一点についてだけでも、どこか一党が最後まで合意をしなければ、改正そのものが流れてしまう危険性をはらんでいたといえる。しかも当時の国会は、消費増税関連法案の審議が長期化し、ほかの法案の審議がほとんど進まないという状況にあった。閣法の成立率五十三％という、通常国会としては戦後最低の数字も残している。

与野党協議の場で、菊水教授と山口氏が八週齢規制に関する研究成果を報告したのは八月十六日。最後の与野党協議が行われたのは八月二十日。自民党の環境部会でその合意内容が明かされたのが翌二十一日。一方で、国会の会期末は九月八日に迫っていた。

八月二十九日に改正動愛法が参議院本会議で可決、成立した同じ日、野田佳彦首相に対する問責決議案が参議院本会議で可決され、事実上、国会は閉幕した。

日本のペットの未来

改正動物愛護法が成立した後、麻布大学の一室で、菊水教授はこうふり返った。

「私が示したデータを普通に受け止めれば、より安心な五十六日齢での規制を選択すると思います。また、米国のデータは大型犬や中型犬が中心であり、小型犬が多い日本では参考にならないという主張する人もいますが、日本にも大型犬、中型犬はたくさんいます。確かに大型犬のほうが成長が遅いのですが、問題行動を起こせば大型犬ほどより困るわけです。一方で、小型犬を八週齢まで生まれた環境に置いておいたから状態が悪くなるということはなく、そうであれば大型犬にあわせて規制を検討するという考え方があっていいのではないでしょうか。それでなくても、日本の犬は米国の犬と比べると、問題行動の出現頻度が四、五倍にのぼります。もちろん規制する日齢を決めただけですべてが改善するわけではなく、業者にどう守らせるか、業者にどのような状態で親犬や子犬を育てさせるか、重要な課題はほかにもたくさんあります」

そして今日、ペットショップの店頭では四十五日齢ぎりぎり子犬が、ショーケースに入れられて消費者を集めている。二〇一三年九月一日からの三年間、この状況が続く。三年後になっても、「四十九日齢規制」にしかならない。この程度の日齢規制では当面、ペットショップ店頭における衝動買いは、なくならないだろう。一気に八週齢規制が実現してこそ、ビジネスモデルの転換がはかれるはずなのだから。だから、衝動買いさせることをビジネスモデルとする犬の流通・小売業者はこれからもしばらく、「商品としての旬」を念頭にした「在庫管理」を続ける。つまり、表面上、行政による殺処分が減ったとしても、虐待的環境で飼育され、市場に出荷され、またその途中で闇に葬られる犬たちは、見殺しにされていく。

二〇一三年十一月二十九日、衆議院環境委員会の場で、松野頼久衆院議員が強く訴えていた。

「立法者の趣旨に則り、この法律（筆者注：改正動愛法）が施行されている期間に必ず五十六日（同：八週齢規制）を実現するようにしていただきたい」

環境省自然環境局長がのらりくらりとかわそうとするが、松野氏は繰り返し、迫った。ついに、石原伸晃環境相と自然環境局長は相次いでこう答弁した。

「可及的速やかに五十六日にしたほうが犬も猫も人間も幸せになる」（石原環境相）

「自然環境局として法律の趣旨を踏まえ、先生のご懸念の趣旨を理解して、努力をしていきたい」（自然環境局長）

動物愛護法の改正が、動物取扱業の適正化について不十分なものになったツケは、松野議員のこの質問の前後から実際に顕在化した。

その最初は、埼玉県で起きた「事件」だったのではないだろうか。二〇一三年十月をかわきりに、翌年七月まで断続的に、さいたま市内のある公園にチワワばかり累計三十三匹が捨てられたのだ。ほとんどが成犬で、うち三匹は発見時に既に死んでいたという。埼玉県内ではほかにも、別の場所で数件、純血種の犬がまとめて捨てられる事件が発生していた。

そして二〇一四年十月三十一日、今度は栃木県内を流れる鬼怒川の河川敷で、純血種の小型犬の成犬ばかり四十五匹の死体が発見された。この事件はテレビや週刊誌で大きく報じられ、「犬の大量遺棄事件」として世間の関心を集めることになった。

鬼怒川で大量の犬の死体が発見された翌日、宇都宮市内で動物病院を開業している獣医師は、栃木県警から死体の採血を依頼され、動物の死体引き取り業者のもとに出向いた。ずらりと並べられた犬たちの死体を見て、その獣医師は怒りがわくのを止められなかったという。獣医師はこう語る。

「これだけの数の犬の死体を見ることは、獣医師でもそうはない。死体の様子から、劣悪な管理下で飼われていたことは明らかだった」

血液は既にジャム状になっていた。通常の方法では採血できず、三匹から心臓を摘出した。一匹にはフィラリアが寄生していた。ほとんどの犬の腹はガスが発生してふくれていたが、さわってみると、痩せてあばらが浮いていて、栄養状態の悪さがうかがえた。

爪は伸びきっており、散歩をしてもらっていた形跡はない。普通に飼えばできるはずのない毛玉に覆われている犬もいた。歯の状態からは、だいたい五歳前後の犬たちと推定された。

後日、同県那珂川町内で見つかった二十七匹の死体もあわせて遺棄したとして、廃棄物処理法違反などの疑いで逮捕されたのは、ペットショップ関係者の男らだった。愛知県内の繁殖業者から引き取った犬たちが運搬中に死んだために遺棄したと、警察の調べに対して話したという。

獣医師は憤りを隠さない。

「エサをもらう程度の世話しかされていない。繁殖業者によって、子犬を産ませる道具として扱われていたのだろう。こういう人間たちが動物の命にかかわっていいわけがない。怒りと憎しみがわく」

埼玉、栃木、そして佐賀、山梨、群馬——全国で犬の大量遺棄事件は相次いだ。死体の状況などからいずれも、ペットショップや繁殖業者など、犬を売買することを生業とする動物取扱業者によるものだとみられている。

こうした犬の大量遺棄「事件」が最近になって増えたわけではないことは、ここまで本項を読んでこられた方なら、おわかりだろう。これまでもずっと、全国の自治体の「動物愛護センター」などと呼ばれる施設を舞台に、同様の「大量遺棄」が日常的に起きてきたことは、本項につづってきた通りだ。二〇一三年九月に改正動物愛護法が施行され、犬猫等販売業者からの引き取りを自治体が拒否できるようになった結果、こうした「事件」がようやく顕在化し始めただけなのだ。

そして、動物愛護法の改正が動物取扱業の規制について不十分なものとなったために、生体の流通・小売業を中心としたビジネスモデルは温存され、その結果、犬たちを巡る「闇」はさらにその深さを増しつつある。

栃木県内の大量遺棄事件で逮捕された宇都宮市内のペットショップ関係者の男。この男は実は、「犬の引き取り屋」という、一般には聞き慣れないビジネスを営んでいた。事件は大量遺棄として発覚したが、問題の根は男が営む犬の引き取り屋というビジネスにあった。男は愛知県内の繁殖・販売業者から百万円を受け取って犬八十匹を引き取った。それらの犬を運搬中に、多くを死なせたのだ。

犬の引き取り屋とはどんなビジネスなのか。二〇一五年三月、私はある犬の引き取り屋を訪ねた。栃木県中部、最寄りのインターチェンジから数分も走ると、コンテナやプレハブが雑然と並んだ一角が現れる。車の音を聞き、初老の男性が姿を見せた。

「僕が引き取りやってるのをペットショップや繁殖業者が知っていてね。依頼を受けて犬を引き取っている。お金をもらって」

そう男性は話し、自分が犬の引き取り屋だということを明かした。建物からはひっきりなしに犬の鳴き声が聞こえていた。

男性は栃木、群馬、茨城、千葉など関東各地のペットショップ、繁殖業者から依頼の電話を受けて出向き、犬を引き取っている。埼玉県内のペットオークション（競り市）会場に行き、「欠点」があって売れ残った犬を引き取ることもあると言う。

「週に一、二回は必ず電話があって出向いている。一回あたり五〜十頭、多いときは三十頭くらいを引き取る。昨日は繁殖業者から七頭引き取った。その繁殖業者は『皮膚病になっていて、それはもう治ったんだけど、治るまでの間に生後何カ月にもなっちゃった。市場（競り市）では売れないから持って行ってくれ』って言っていた」

こうして敷地内に、常に百五十四以上の犬を抱えていると説明する。男性も含めて三人で犬の面倒を見ており、「毎日、掃除して、すべての犬を運動させている。売れそうな犬がいれば、繁殖業者や一般の人に五千〜二万円くらいで販売する。無料であげるのもいる。死んじゃう犬は年間三十、四十頭くらい。みんな寿命」と言い、栃木県動物愛護指導センターにも同様の報告をしている。

同センターは、男性のビジネスについて問題視していない。同センターは二〇一四年六月、この「犬の引き取り屋」について、事前に連絡したうえで立ち入り検査をしているのだが、「特に問題はないと認識している」と県の担当者は取材に答えた。

だが動物愛護団体の依頼で現地を確認した獣医師は、適正飼養から大きく逸脱した状況だったと指摘する。

「換気できる窓が見あたらず、全体に薄暗くて十分な採光が確保されていない。いずれの建物も、鼻をつくような糞尿のにおいが充満しており、犬たちが暮らすケージに清掃の形跡は見られなかった。脚に糞便を付着させている犬も多くいて、長毛種では犬種が判断しがたいほど全身が毛玉に覆われ、四肢の動きが制限されている犬も確認した。皮膚炎や眼病などの可能性がある犬がいたが、適切なケアが行われている様子はなかった」

それでも男性の手元には小型犬だと一万円、中型犬だと二万円、大型犬だと三万円が引き取り料として入ってくる。次の買い手が見つかりにくい六、七歳以上だとその倍の料金を取ることもある。男性は言う。

「ショップからもよく電話がかかってくるよ。ショップの場合はだいたい五、六カ月以上の子犬を引き取ってほしいと言われる。ペットショップの店頭には二十万、三十万で売れる新しい犬を置いたほうがいいと、賢い社長はわかってるんだよね。でもバカな社長は、大きくなってしまっても、一万、二万でもいいから売ろうとする。僕はそういうバカな社長には『新しい犬をどんどん入れろ。五、六カ月の犬は俺のところに持ってこい』って言ってる。殺さないで、死ぬまで飼う。僕みたいな商売、ペットショップや繁殖業者にとって必要でしょう」

日本で独自の発展を遂げた犬の生体の流通・小売業（いわゆるペットショップ）というビジネスモデルは三十年ほど前から急激に成長を始めた。純血種の子犬を大量に仕入れ、大量に店頭に展示し、大量に販売するペットショップというビジネスモデル。そのビジネスモデルを支えるために、生産業者としてパピーミル（子犬繁殖工場）が必要となり、ペットオークション（競り市）が整備されていった。つまり「大量生産」「大量消費」という構造があり、そのためにこれまで、そしていまも「大量遺棄」は起きている。

改めて整理しておくと、業者による遺棄は次のような構図で発生する。工場は「設備（繁殖犬）」の改廃が必要で、「不良品（競り市で売れ残るなどした市場に出せない犬）」の処分がつきもの。流通・小売業者の販売現場では売れ残った「不良在庫」の処分が生じる。大量に消費させるためにショップの店頭では衝動買いを促すから、消費者（飼い主）による安易な遺棄を誘発している側面も見逃せない。

つまり犬を捨て、犬を殺すことでいびつな発展を遂げてきたのが、流通・生体小売業を中心とする日本の犬ビジネスなのだ。二〇一二年の動物愛護法改正は、こうしたビジネスモデルにはメスを入れずに温存し、対症療法にとどまった。獣医師で日本動物福祉協会調査員の山口千津子氏は言う。

「環境省はできるだけ早く五十六日齢規制の実施を決め、その際は同時に、繁殖制限や飼養施設規制などを盛り込んだ『飼育管理基準』を作るべきです。基準は罰則とリンクさせ、行政による監視、指導も徹底する必要があります。犬に犠牲を強いて成り立っている商売は、動物福祉の観点から絶対に規制していかなければいけません」

その一方で動物愛護法第三十五条の改正によって、自治体側は業者からの引き取りを拒否できるようになった。犬の大量生産、大量消費というビジネスモデルが温存されたまま、業者は不要犬の「出口」をひとつ失った。こうした背景が、犬の引き取り屋ビジネスを後押ししている。

改正動愛法の施行後すぐに問題が顕在化した埼玉県の橋谷田元・県生活衛生課主幹は言う。

「宇都宮の事件の犯人が逮捕されて初めて『犬の引き取り屋』という業態があることを知った。三十五条の改正で、業者は犬の引き取り先を探すのに苦労しており、闇でこういう商売が出てきているのだろう」

「闇」となるのには理由がある。引き取った犬を一部でも販売していれば第一種動物取扱業の登録が必要だが、栃木県で大量遺棄事件を起こし、逮捕された男のように引き取るだけなら登録は不要。行政の監視、指導の手は届きにくい。

「(栃木県で大量遺棄事件を起こした男が)犬の引き取り屋をしていたことを把握していなかった」(栃木県)

「そういう業者がいるかもしれないと懸念しているが、把握できていない」(群馬県)

「潜在的にいくつもあるのかもしれないが、行政としては把握するすべがない。次の法改正の大きな課題になる」(埼玉県)

引き取り屋ビジネスが水面下で広がるのと並行して、業者間で売れ残り犬や繁殖犬を転用・転売しあう、一部で「回しっこ」と称される商行為も活発化している。

高崎市動物愛護センターに「自分の敷地内に犬が捨てられていた」などと虚偽の通報をし、二〇一五年一月、逮捕された繁殖業者の男がいる。この男の場合、虚偽通報で高崎市に引き取らせようとしていた計十一匹の雌犬を、回しっこによって入手していた。

同センター指導管理技士の大熊伸悟氏によると、犬たちは、群馬県太田市内の繁殖業者→高崎市内の別の繁殖業者→逮捕された男、と転用されてきたという。

「繁殖用に譲ってもらったがあまりにひどい状態だったため、困ったらしい。この男の場合は行政に引き取らせようとしたから判明したが、業者の不要犬の多くは業者間を巡り巡ってどこかにいってしまい、実態がわからない」（大熊氏）

三度の改正を経た動物愛護法だが、ペットショップや繁殖業者による不適切な犬の扱いについて、大きな課題を残したままだ。法の網の目をかいくぐる新たなビジネスや取引が、活性化してもいる。二〇一二年改正の際に環境省中央環境審議会動物愛護部会の部会長を務めていた林良博・東京大学名誉教授はこう話す。

「業者のモラルに大きな問題があることは間違いない。環境省など施策を進める側は、長期的な視点に立って、商売のあり方や一般的な犬の飼い方などを全体として見直していかなければいけない」

ここまでが、日本の犬ビジネスが抱える「深い闇」がもたらした結果だ。人間にとってもっとも身近な動物がペット。そのペットである犬たちが、いかに過酷な環境に置かれているか――。人間がペットをつくりだし、そのつくりだしたペットを殺している。このような状況がいつまでも許されていていいはずがない。

ここからの人間とペットの未来は、日本に住む一人ひとりが自ら考え、自ら行動し、作り変えていかなければならないはずだ。

（登場する人物の年齢、肩書、職業などは原則としていずれも取材当時のもの）

文献

太田匡彦（二〇一三）『犬を殺すのは誰か―ペット流通の闇』（朝日文庫）、朝日新聞出版

ジェームス・サーペル（編）、森裕司（監修）、武部正美（訳）（一九九九）『ドメスティック・ドッグ』、チクサン出版社

鹿野正顕・中村広基、森裕司（監修）（二〇〇八）『犬の行動学入門』（アニマルサイエンスシリーズ）、ＩＢＳ出版

第二章　いのちの「食べかた」を考える――産業動物

新島典子

一　食の変化

毎日私たちは肉や魚、野菜、乳製品、ごはんやパン、果物、スイーツなど、さまざまな種類の食べ物をいただく。だが、こうした食べ物がどのように生産されているのかを考える機会はあまりない。

食べ物の材料となる食材は、人々の仕事の分業化が進み、交通網や輸送網が発達した現代の社会では、近所の精肉店、鮮魚店、青果店、精米店などの個人商店や専門店、スーパーマーケットやデパートなどで販売されている。スーパーではきれいな状態の野菜や切り身になった魚や肉がパックになって並ぶ。昨今ではインターネットショッピングが普及したため、ネットスーパーでも二十四時間注文できるし、近所で売っていない珍しい食材などは、遠方からの取り寄せも可能だ。家や仕事場などに持ち帰ってすぐに食べられる状態で販売される調理済み食品は「中食《なかしょく》」と呼ばれる。手作りの食事と中食など調理済み食品の利用状況はどのように変化してきただろうか。『平成二十一年度食料・農業・農村白書』（農林水産省、二〇〇九）で食費の種類別支出割合の推移を見てみよう。

これをみると、生鮮食品の占める割合が五割から三割へと減少する一方で、外食と調理食品を合わせた支出の占める割合は一三％から二九％に上昇し、外食、中食、調理食品が増え、食の外部化や簡便化の進む様子がわかる。農林水産省によれば、「女性の社会進出や単身世帯の増加、高齢化の進行、生活スタイルの多様化等を背景に、家庭内で行われていた調理や食事を家庭外に依存する状況がみられ」、それに伴って「食品産業においても、食料消費形態の変化に対応した調理食品やそう菜、弁当といった『中食』の提供や市場の開拓等に進展がみられて」おり、これらの動向を総称して「食の外部化」（農林水産省、二〇〇九）と呼んでいる。

現代社会に見られるこのような食生活に対し、今から一万年以上前、農耕が開始される前までの人類は、数百万年ものあいだ、自然の動植物を自分でとって食糧とする狩猟採集生活を続けてきた。ハンターであった頃の人間本来の食事は、動物をつかまえ、殺して処理して食べる、というものであった。また、農業主体の食糧生産が食糧の主な調達方法となって以降、人間は家畜を飼い、それを自ら殺すことで、食肉を得るようになった。そして、自分や家族の食べ物や衣服など生活に必要な大半のものは自宅で作るという自給自足の生活を送っていた。半世紀ほど前までの日本の地方の農家ではニワトリが飼われ、ブタ、ヤギ、ウサギなどの世話は子どもの役目であり、来客時には、自宅で世話してきたニワトリを家族が解体し、ご馳走として供していたという(長野県動物愛護センター、二〇〇六)。こうした事例をみると、動物を殺して処理して食べるという行為が、狩猟採集民族であった頃からの、人間本来の食事のしかたであったことがわかる。

だが、近年では、都市部や郊外に暮らしている限り、食べるために動物を殺すという経験をするのはまれなことである。私たちは、血を抜いて皮をはぎ、きれいに加工してプラスティック容器の中に収められた食肉を見ても、動物の姿を思い浮かべにくい。数日前まで生きていた動物が処分される工程は、社会の中で決して目立たず、言及されることは必ずしも好まれない。それは、動物の姿を連想させたくない食肉関連業界の「配慮」によるところも大きいだろうし、他者への関心が薄れがちになる都市化の影響も大きいだろう。

また、近代化以降の社会では、分業が進み、さらに近年では食の外部化も進み、食べ物をはじめとする生活必需品もお金を出して他者から購入する人が大半となった。それは、現代社会の市場経済が、効率優先に重きを置き、安い製品を効率よく大量生産することをよしとして、工業化を推し進めてきたためにほかならない。さながら本や衣服、家電製品などを注文するように、食材や食品も簡単に手に入れられる現代の社会は、便利さという点では肯定的にとらえることができるが、食材が作られる実際の場面を想像し、理解する機会が失われているという点では問題があるともいえる。

おそらく自給自足の時代には、世話をしてきた家畜のいのちを頂き、そのいのちの犠牲の上に生かされているという感謝の気持ちが日々実感されたことだろう。「いただきます」という言葉にも実感がこもっていたことが想像できる。かたや昨今ではこのようにいのちの犠牲のもとに作られた食事が食べ残され、期限切れになって大量に廃棄されているが、それはこのような感謝の気持ちや実感が薄れてしまった結果ではないだろうか。

こうしたことをふまえ、本章では、多くの食材のうち、肉となる産業動物がどのように飼育され、食肉がつくられているのかを考えてみることにしよう。

二　飼育の現場──食肉のつくられ方

日常生活ではあまり意識する機会は無いが、私たちが食べている肉は、動物を飼育し、殺したものである。その飼育について知る機会は限られているので、現場を紹介してみたい。

ウシ

農林水産省（二〇一三）の『平成二十四年度食料需給表』によれば、二〇一二年度の国民一人あたりの牛肉供給量は三〇キログラム程度で、一九六〇年当時の五・二キロにくらべると六倍ほどにまで増えている。また、同省『畜産統計』によれば、ウシ飼養を行う酪農家一戸あたりの飼養頭数は、一九六六年と比べ二〇〇二年には十三倍に、牛乳量は一・七倍に増えている。これは市場経済で効率主義が推し進められてきた結果であるが、それは、消費量が増えたため、生産量を増やす必要が出てきたためである。

この効率主義は、必然的に飼育環境の劣化をもたらすこととなった。ウシの頭数が増えるからといって、それに応じて放牧場の面積も増やしてゆくのは簡単なことではない。そのため、放牧場がそもそもないとか、あっても狭いなどの理由から、牛舎でつないで飼われるウシも多く、つなぎ飼いウシの中にはわずか二・二㎡未満の狭い牛床に入れられているものもある。こうした状況を改善するために考えられた「フリーストール牛舎」は、ウシが自由に歩いて、採食・飲水・休息などの行動ができるように作られている。だが、そこで飼われるウシは一部に限られる（社団法人畜産技術協会、二〇〇八、二〇〇九）。

ウシの飼育環境が、本来のウシの自然な行動を妨げるだけでなく健康を害する場合もあることの例として、欧州で古代より続けられてきたというヴィール（仔牛肉）の生産方法を紹介する（佐藤、二〇〇五）。乳牛から生まれた雄の仔牛は、生後五～六ヵ月まで母牛のミルクだけで育てられた後、

大学附属農場における肥育施設の様子
体重400kgから500kgほどの肥育後期個体が、5m × 5mの牛房で3頭ずつ飼育されている。（提供　有賀小百合）

「母牛の餌（草や穀物）と競合する前に」殺される。つまり「余分な餌生産が不要な、まさに余剰生産方式として発達してきた」技術である。この仔牛の肉は白っぽいピンク色になるが、それをより白くする生産方式が追求されてきた。肉を白くするためには、「鉄分を不足させる必要」があり、暗い小屋でワラを食べられぬよう「轡《くつわ》をはめ」、「早く太らせるために動けないような狭い」「湿気の高い生暖かい」枠場で飼うという。枠場は狭く、肢を伸ばして横に寝転がることができないため、仔牛は睡眠不足になり、鉄分不足から貧血気味で、胃潰瘍や呼吸器の病気にもなりやすいという。

日本では、霜降り肉が好まれるため、

ヴィール生産はほとんどない。そのかわり、脂肪交雑の起こりやすい黒毛和種を特殊な方式で飼育する。生後十三か月までは乾草が存分に与えられる。それ以降は肉に脂肪を入れる時期なので、エサは極端に濃厚なものが必要となり、反芻を促すために最低量のワラしか与えられない。こうして飼育されたウシには、葛藤や欲求不満のため、舌を口の外に長く出したり、左右に動かしたりする「舌遊び」が発現する。

一般的な商業肥育農場の様子

体重500kgほどの肥育後期の個体が、5m×6mほどの牛房に4～9頭ずつ飼育されている。大学附属農場の牛舎と比べるとすこし密飼い。(提供　有賀小百合)

ニコラウス・ゲルハイター監督によるドキュメンタリー映画『いのちの食べ方』は効果音だけが延々と流れる無声映画である。この映画の各シーンでは、現代の社会で人間が食べるために、ニワトリ、ブタ、ウシ、魚などの「産業動物」、すなわち飼い主の経済行為の一環として飼育される家畜や家禽などが、そのいのちのはじまりから終わりまで完全に大規模に機械化された生産・管理体制下に置かれ、食べ物へと作られてゆく様子が描かれている。

この映画には、ウシの屠畜シーンもある。ウシが屠畜工場につくと、ベルトコンベアに乗せられる。ふと前を見ると、仲間のウシが足から宙づりになっているのが目に入る。ガクガクと震え始めたウシの頭に作業員が電極を接触させようとするが、ウシが震えるのでなかなか失神させることができない。このシーンは私には大変衝撃的で、せめて仲間のウシが目に入らぬように工夫してほしいと映画を見るたびに強く感じさせられる。

ブタ

こうしたウシやブタなどの産業動物を増やすため、日本では、一九五〇年に『産業動物改良増殖法』が定められ、人工授精普及の基盤が確立した。それ以降、一定水準以上のおいしい肉を効率よく大量生産するため、ウシやブタは人工授精や体外受精で計画的に増やされるようになった。私たちの口に合うという意味での「おいしい肉」、例えば霜降りなどを作るためには、自然交雑ではなく、このような人為的な方法が不可欠なのである。

子ブタは誕生直後、「貧血防止のための鉄分注射と犬歯の切除」が行われ、その後も日を追って「断尾」や「去勢」、「ワクチン注射」、個体識別用に「耳刻」と呼ばれる耳への切り込みが、いずれも無麻酔で処置される。犬歯の切除は「母豚の乳房や兄弟の子豚を傷つけない」ために、去勢は「性行動を弱め」、「肉に雄臭をつけない」目的で行われる。これらはいずれも効率よく肉を生産するための集団飼育用の措置として施されているが、上述の断尾も耳刻も傷口が痛み、神経腫になる場合もあるという（以上、佐藤、二〇〇五より）。

ブタは一頭が一㎡程度の檻（ストール）に入れられ、排泄の処理をしやすくするため、方向転換ができないようにされている。生後八か月くらいから繁殖が始まるが、ブタはこのストールの中で妊娠期間を過ごし、出産し、授乳を行う。妊娠中で神経質になりやすいブタは、後ろに人が近づいても、振り返れないので怯えてしまうともいわれる。また、このストールの中にいる間は柵を恒常的にくわえてかじる「柵かじり」や、口の中にエサがないのに噛み続ける「偽咀嚼」、水を必要以上に飲み続ける「多飲行動」などの異常行動が生じる。

処分されるブタは、ウシと同様に屠畜工場に運ばれる。屠畜工場でどのような作業を経て肉の切り身になるのかを、以下では『世界屠畜紀行』（内澤、二〇〇七）の一部を抜粋し、要約して紹介する。同書では、東京都中央卸売市場の中にある芝浦屠畜工場の様子が描写されている。屠畜作業に入る前に、体の汚れを落とすための水のシャワーを浴びたブタは、一頭ずつ狭い通路に追い込まれてゆく。その先では、炭酸ガスを浴びるためにゴンドラに載せられ、仮死状態で足から吊りあげられ、ナイフで放血させられる。その後、鎖から外され、肢と頭を外されたブタは、皮の一部をむかれてあおむけとなり、ベルトコンベアの上を移動しながら、さまざまな担当者の手によって順に各部位に切断されてゆく。尾が切られ、内臓が取り出されると、次は屠畜検査である。検査で異常が発見されると、打ち身や傷など箇所の異常がある場合、そこだけが切り取られ、残りは出荷される。全身に影響する異常があれば、丸ごと廃棄されることになる。

検査で問題がなければ、いよいよ背骨で分割し、成型して形を整え、洗浄器で血液などを洗い流して完成する。枝肉と呼ばれる、精肉店に出荷できる状態になった肉塊は、検査院から合格の検印を押されて冷凍庫へ入れられる。その後、精肉店でスライスされ、ガラスケースに並び、スーパーマーケットではパック詰めにされて店頭に並ぶ。こうした描写にショックを受ける人もいるかもしれないが、これこそが肉が生産される過程である。

ニワトリ

肉だけでなくその卵も私たち人間の栄養源として重用されるニワトリは、「採卵鶏」と「肉用鶏」に分けて飼育される。「採卵鶏」として一般的なのが白色レグホン、「肉用鶏」として一般的なのがブロイラー種である。

肉用鶏のブロイラー養鶏はほぼ全てのニワトリが地面での平飼いだが、採卵鶏の九割以上はバタリーケージと呼ばれる重層のケージで飼育される。多くの養鶏場では、ウシやブタの飼育場と

ブロイラー生産農場
（提供　小原愛）

同様に、エサやりや水やり、掃除などすべてが効率優先で行われるため、ニワトリたちにとっては大変窮屈な、超過密な拘束状態で大量飼育されている。

ニワトリの飼育環境に関しては、バタリーケージのほか、クチバシのカット、強制換羽が問題視される（佐藤、二〇〇五）。バタリーケージとは、細いワイヤーを格子状に溶接した金網を上下・左右・前後につないでつくられたケージで、ニワトリを数羽入れたカゴを、二段から八段程度まで重ねて飼育する米国発の工場式畜産方式である。巣もとまり木もなく、隠れるところもない狭いケージ内では、ニワトリは伸びすらできず、ほかのニワトリに踏み潰されて死んでしまうものもいる。また、ニワトリの足は、ワイヤー上での生活には本来適していないため、足にケガを負うニワトリもいる。生みたての卵が前面に転がるよう傾斜のつけられたワイヤー製の床は、採卵には便利だが、ニワトリにとってはバランスが悪い。また、ケージ内に入ったままでは爪をすり減らす硬い地面に立てないため、伸び放題になった爪がワイヤーに絡まって動けなくなることもある。

なお、動物行動学者のコンラート・ローレンツは、こうしたケージにいるニワトリが、広い場所で自由に駆け回るとか、巣をつくりその中に卵を産むという、ニワトリにとっては当然のことが出来ずに面喰う様子を、以下のように語っている。「鶏が無駄に覆いを得ようとして、何度も何度もケージ仲間の鶏の下にもぐりこもうとしているのを見ているのは、実に悲痛なものである。

こうした状況のもとで、雌鶏は間違いなくできるだけ長く卵を持っておこうとするだろう。ケージ仲間の混雑の中では卵を産みたくないという本能は、同じような状況で人ごみの中で排便したくないと思う文明人の気持ちと同じくらい強いはずだ」（シンガー、二〇一一）。

以下、再び佐藤(二〇〇五)からの要約抜粋に戻る。ニワトリは本来、羽ばたきや羽繕いをしたり、砂を浴びたり地面をつっつき引っかき、暗くなると止まり木で寝る動物である。ところが、ケージ飼育ではこれらが出来ず、狭くて窮屈な、単純で退屈な生活である。そのため、ほかのニワトリを無駄につつくようになり、羽は汚れ、眠りは浅く、運動不足で骨粗鬆症などが多発し、出荷時には三割のニワトリが骨折する。こうしたケージでの飼育は、「生存は保障されるが、安楽性がない」。

クチバシのカットは、ニワトリがバタリーケージに入るまでの生後五か月間のために施される。この育成期には、百羽程度が一緒に飼われるため、ほかのニワトリをつつく行動が起こりやすく、ケガ防止のために、あらかじめクチバシを切断する断嘴処理が無麻酔で行われる。

強制換羽は、ニワトリの産卵に光が関係するという特性を利用して実施される。ニワトリは、日の短くなる秋から冬にかけては休産し、古い羽毛から新しい羽毛への「換羽」が生じる。これを人工的に行うのが強制換羽である。一〜三日間の絶水と一週間程度の絶食で栄養失調にさせるなどの方法で、産卵を停めて換羽を促す。換羽により若返りが図られ、生き残ったニワトリは、再び良質な卵が産めるようになるが、飢えのショックで死ぬニワトリもいる。

ニワトリの屠畜の様子も映画『いのちの食べかた』のワンシーンに紹介されている。以下、同シーンを要約して説明する。縦に長く、天井が高く、巨大な体育館のように見える薄暗い鶏舎で飼育される一万羽ほどのニワトリは、出荷が決まると爆音を立てる巨大な掃除機のような回収機の中に次々と巻き込まれ、モノのように箱に押し込まれて出荷される。屠畜工場に着くと、ニワトリは逆さ吊りで頸動脈を切られ、放血させられる。頭を切断後、機械の中で全身の羽を剥かれ、残った体毛は火で焼き落とされる。その後、利用される部位とそれ以外とが流れ作業で順番に着実に分けられ、精肉へと加工されてゆく。

なお、鶏肉には、地鶏と呼ばれる高値の肉と、ブロイラーと呼ばれる普及版で廉価な肉がある。ブロイラーは経済効率を重視し、大規模で密閉された高い飼養密度の鶏舎で合理的に飼養される。また、約五十日という短期間で大型に成長するように品種改良もされている。これに対し、地鶏とは、明治時代までに日本に成立・定着した一定のニワトリの種類である「在来種」の遺伝子割合が五〇%以上で、ふ化日から八〇日以上飼育され、二十八日齢以降は平飼いで、一㎡あたり十羽以下で飼育されたニワトリを指す（農林水産省、一九九九）。地鶏のうち、「純粋種のまま生産・流通する唯一の地鶏」が名古屋コーチンという種類である（愛知県、二〇一二）。名古屋コーチンの出荷時期は、生後一二〇から一五〇日であり、ブロイラーの二～三倍も長い期間、適度な運動をさせながら育てられる。このため、名古屋コーチンの肉質は「弾力に富み、よくしまって歯ごたえがあり、『こく』のある旨み」があるという（名古屋コーチン協会、二〇一四）。

経済効率と飼育環境劣化の問題

現代の資本主義社会においては、経済効率の重視は必然とされる。名古屋コーチンのような地鶏の肉は美味しいが、飼育に手間暇をかけられている分、値段は高い。だが、すべての人がその値段に納得し、あえて高い肉ばかりを選ぶわけでもない。むしろ、なるべくなら安くておいしい肉を食べたいと考える。それゆえ、動物工場では美味しい肉を生み出す遺伝子を選び、人工授精で産業動物を妊娠、出産させることに始まり、長いプロセスを経て、効率よくパックに入った肉の切り身を量産してゆく。

このような経済効率優先の価値観が、結果として産業動物の生育環境をおびやかし、産業動物に対する非人道的な取り扱いを招くことになったのだ。こうしたいわゆる近代的な畜産システムに対し、ルース・ハリソンは『アニマル・マシーン』（一九七九）でこれを批判した。このような批判は社会で議論をよび、その後、イギリスで法規制の契機となってゆく。この本では近代国家が導入する工場的畜産がひたすら「経済効率」を追求していったこと、そのあまり、動物の虐待は進むばかりであること、これを見直さない限り、人間の「真の進歩」が見失われてしまうことが指摘されている。

その後、ジム・メイソンとピーター・シンガー（一九八二）らも畜産工場での「経済効率」至上主義を批判し、畜産工場内で飼育されるニワトリや産業動物の悲惨な現状を詳細に示していった。そしてヴィール（仔牛肉）の肉が高級品として望まれるような社会のあり方を見直すべきだと訴えた。その結果、食肉にするために動物のいのちを管理・操作し奪う方法には、動物の福祉を考えた動物への配慮が必要だと考えられるようになってきた。

動物福祉への取り組みが進む欧州では、一九六〇年代、過密飼育などで批判される工業的な畜産のありかたが問題とされた。まず、英国で提起された「五つの自由」を中心に動物福祉の概念が国際的に広まっていった（環境省、二〇一三）。その具体的な内容は、産業動物の（一）飢餓と渇きからの自由、つまり十分なエサと水を与えられること、（二）苦痛、傷害または疾病からの自由、つまり苦痛や傷害を被ったり、病気にかからないような環境で飼ったり、傷害や病気はきちんと治療されること、（三）恐怖および苦悩からの自由、（四）物理的、熱の不快さからの自由、つまり、動物でも感じる恐怖や苦悩を極力減らしたり無くしたりすることで、さまざまな不快から解放されること、（五）正常な行動が出来る自由、つまり動物本来の正常で通常の行動が自由にできるような、ゆったりと広く、刺激があり、仲間と一緒に過ごせる環境で飼育すべきという考え方である。

現在では、ＥＵ（欧州連合）指令により飼養管理の方法が定められたことを受け、ＥＵ各国はそれぞれの自国内で法令・規則などを制定し、ＥＵ指令をまもろうと努力している。また、米国、カナダ、オーストラリアなどでも、生産者団体や関係者らによる独自のガイドラインなどが策定されている。世界の動物衛生の向上を目的として一九二四年に設立された政府間機関、国際獣疫事務局でも二〇〇五年、輸送や屠畜に関するガイドラインが定められ、畜舎や飼養管理のガイドラインも検討されている（環境省、二〇一三）。

たとえば、ブタのストール飼育はＥＵや米国の一部の州では二〇一三年までに禁止され、段階的削減を表明する企業が増えている。だが、これらに対応した飼養環境に変更するには費用がかかり、生産性を高めるどころかむしろ価格上昇につながりかねない。日本では二〇一一年制定の「アニマルウェルフェアの考え方に対応した豚の飼養管理指針」（社団法人畜産技術協会）があるが、そこではたとえばブタのストールの広さは「幅六〇㎝、奥行一八〇㎝以上」必要という努力目標が示されてはいるものの、ストール飼育自体は廃止されていない。飼育者側の主張によれば「ストレスで、鉄柵をかじり続けるなどの異常行動も報告されているが、妊娠状況のこまめなチェックや栄養管理など経営上はこの飼育法が効率的」であり、「糞も一定の位置に落ちるので、排せつ処理も楽」なのだという（毎日新聞二〇一三年八月一〇日）。しかし、ここで飼われる牝ブタは「一年に三三〇日以上もストールで過ごし、産む子豚が少なくなる二、三年後には処分される」。産む機械として取り扱われた末に殺される牝ブタの運命に対し、感謝と申し訳なさの混ざった複雑な思いを禁じ得ない。

このように動物に残酷な対応をとってまで、経済効率を優先させるのはなぜなのか。また、自然に親和的とされる日本人が、産業動物の置かれるこうした過酷な状況を積極的に改善しようとしないのはなぜだろうか。

それは一つには、グローバル化によって安い畜産製品が国外から輸入されるようになり、競争が激化したことがあるだろう。さらに時代をさかのぼれば、社会で分業体制が敷かれて以降、自分のやっている仕事以外に目をやり、社会の全体像を見渡せる機会が減ってきたこと、また、時間に追われて、物事を深く追求するゆとりがなくなってきたこと、排他的で規制の多いマーケットなど、日本の産業界が独自スタンスを持っていることなどもその理由として考えられる。

三 「食べかた」の背景

とはいえ、飼育現場の効率主義と動物福祉にどのように折り合いをつけるかは重要な課題である。そこで、動物を殺して食べることをどのように解釈できるのかを考えたい。

都市化社会における動物への態度のダブルスタンダード化

現代の社会では、食料は家電製品と同じように手軽に買うことが出来る。だが、食料は単なる物とは異なり、他の動物のいのちから作られた物である。ヒトは動物として生きる以上、ほかの生物のいのちを頂かなくては生きてゆけない。一方で愛玩動物は愛護しながら、他方で産業動物の肉は食べている。このような動物に対する私たちの態度には矛盾があるが、それについてどのように考えればよいだろうか。

まず、いのちは尊いものと考えて殺人を罪と定める我々人間が、なぜ動物なら日常的に殺せるのだろうか。それは、人間に対する基準と動物に対する基準が、また、動物の中でもペットとそれ以外の動物とが使い分けられ、異なる基準が適応されているためである。

私たちは、一方では動物愛護や動物福祉の概念を掲げて動物のいのちを守り、仲良く暮らせる社会を目指そうとしている。そのとき「動物」としてイメージされ、想定されるのは、主として愛玩動物である。他方で、多くの人が日常的に肉料理を食べているが、これは先ほど紹介した方法で生産され処理された、産業動物の犠牲の上に作られた肉である。つまり、ペットに対しては、それが飼い主にも満足をもたらすからとはいえ、ペットがよりよく生きられるための配慮や愛護が求められる。これに対し、産業動物については、人間の収益のために、効率優先の劣悪な環境下で操作・管理された末にいのちを断たれている。意識しているかどうかは別として、私たちは動物に対してこのようなダブルスタンダードで接している。

かつては、イヌが食用目的で飼われていた時代もあった。「親を失ったイヌ科の動物の仔を狩人が連れてかえって手なづけ、可愛がって育て、たっぷり肉がついてくると必要に応じて殺して食べていた。（イヌの）子供は人に馴れやすく、また集団のボスに絶対服従をする性質があったから、人間の命令にも従順で、いわば生きた食料貯蔵庫として大いに活用」されたという（山内、二〇〇五）。

これに対し、現代の日本社会では、愛情をもってペットを育てはしても、それを食べるなど思いもよらないことであるし、ペットを育てる際は「家族」と同一視して「可愛がる」。ところが、肉を食べる際はそれを「モノ」とみなし、「食べる」までのプロセスを見ずに済ませてしまっている。

このようなペットと産業動物の分断の背景には、一つには極端な社会の「都市化」があると思われる。都市化社会では分業化が進み、隣人の顔すらわからない「匿名化」が進むという特徴がある。そのような社会では、他者への興味や関心が薄れ、他者の仕事への想像力も薄れる。産業動物の世話や、それを肉に加工するプロセスに従事していない大多数の人々は、そうしたプロセスへの興味関心も想像力も持ちにくい。

また、都市生活では衛生観念が高まり、その結果として動物の特徴とされるにおいや汚れなどに神経質になる人が増え、においを放つ産業動物の飼育は都市部では敬遠されてゆく。そのため、産業動物の飼育や加工は、都市部では工場に囲い込まれ、ますます不可視化が進むのだ。

都市化に伴って「核家族化」が進み、匿名化と相まって他者と干渉しあう機会が減り、人々の「孤立化」が進むこととなる。単独世帯数も年々増加し、ウェブの普及発展により、人々の相互のコミュニケーションスタイルにも影響が生じている。例えば、自己の肥大化が助長されるなどして、他者への関心が薄れ、他者とのコミュニケーションがうまくいかず、ストレスを感じやすくなるなどの変化も報告されている。愛玩動物であるペットを溺愛する飼い主も増え、従来の番犬から家族同様、あるいはそれ以上とも言われる存在へと変わってきた。このように、同じ動物でありながら、産業動物と愛玩動物の取り扱われ方にはどんどん開きが出て、二極化が進んでいることがわかる。このような二極化の背景には私たちの動物観のあり方が大きく関わっている。

人間中心主義と種差別

人間と動物を完全に分離したものととらえ、人間を動物の絶対的上位におく考え方を、人間中心主義思想という。従来、ヨーロッパでキリスト教の全盛期であった中世の身分制封建社会には、神中心主義思想が存在していた。そして人間中心主義思想は、神の精神の代表者、責任者として人間を特別な存在であるとした。キリスト教の教典である聖書の創世記にも「産めよ、増えよ、地に満ちて地を従わせよ。海の魚、空の鳥、地の上を這う生き物をすべて支配せよ」（第一章二八節）

（日本聖書協会、一九九一）と書かれている。つまり、人間は地球上の支配者で、他の動物を利用する権利があると考えられている。

これに対し、アジアで多く信奉されてきたアニミズムや仏教の思想では、動物と人間をはっきりとは区別しない伝統がある。神道では、アニミズム、つまり物にも霊魂が宿るという思想があるため、動物にも当然ながら霊魂があると考え、自然界で見られるいろいろな諸現象と動物（の霊魂）とのかかわりを連想する文化がしばしば見られる。古来の民話である「ツルの恩返し」や「舌切りスズメ」などは、人間に助けられた動物が恩返しをする有名な話だが、いずれも動物に霊魂があることが前提となっている。また仏教の輪廻転生では、ヒトを含め生きものの霊魂は様々な動物の体に宿り、輪廻、すなわち再生しつづけるものとされている。そのため、あらゆる生きものに対して尊敬の念を持ち、殺すことはもちろん、傷つけてもいけないと考えるのだ。

実際のところ、近代化以前の日本社会や文化について外国人が著した数々の文献をもとに書かれた『逝きし世の面影』には、「（犬猫や鳥類）はペットではなく、人間と苦楽をともにする仲間であり生をともにする同類だった」ことが多く描写されている（渡辺、二〇〇五）。「徳川期の日本人にとって、馬、牛、鶏といった家畜は、たしかに人間のために役立つからこそ飼うに値したのだが、彼らが野性を捨てて人間と苦楽をともにしてくれることを思えば、あだやおろそかに扱ってはならぬ大事な人間の仲間だった」（同書）し、「人間は鳥や獣とおなじく生きとし生けるものの仲間」（同書）で、「質的に断絶」（同書）する存在ではないと考える人も多かったという。こうした描写からは、近代化以前の日本社会では、例えば動物に対して「かわいそう」という気持ちが持たれていたことが推測される。

他方でヨーロッパでは、キリスト教的秩序観からいわば意図的に、人間が利益を得るためという大義名分の下に動物を差別してきた。このように種の違いを理由に行われる差別のことを「種差別」と呼ぶ。これは、ピーター・シンガーが『動物の解放』（一九七五）の中で使った言葉である。シンガーは、種差別に対して、それぞれの動物の持つ苦痛を感じられる能力を見定め、それに応じて動物も人間と同様の配慮を受けるべき存在だと主張し、種の違いを根拠に差別を容認する姿勢を非難した。

種差別は、人間とそれ以外の動物との間には、「種の違いという生物学的に実体のある差が存在する」（伊勢田、二〇〇八）ことを前提に、動物に対しては人間とは異なった（多くの場合人間よりも不利な）取り扱いが行われることを指している。伊勢田によれば、「生物学的に実体のある差が存在」しさえすれば、その実体の価値に差をつけることが妥当であると考え、そのような価値の差を根拠に（他種への：新島補足）差別をすることも許されると考えるのだ。実際にこれまで、人と動物の間にのみ存在する差があるのかを探そうとする動きも見られた。たとえば、動物にも「心や魂があるのか」を検討することで、動物が「痛みを意識出来るのか」どうかを検討するという発想などがそうである。たとえばデカルトによる『方法序説』（一九九七）で彼が唱えた動物機械論によると、動物は意識を持たない機械のような存在で、感覚はあっても魂はもたず、痛そうに見えるのは単なる生理的な反射に過ぎないことになる（デカルト、一九九七）。この考えに立てば、いのちを奪われようが動物を配慮の対象にする理由はなくなってしまう。

その後、動物行動学者らによって、「心」の存在を認めざるを得ないような多くの行動が観察された。特に、動物の心を研究する認知動物行動学での議論では、イヌ、ネコ、イルカなどの哺乳類や鳥類について、繊細で豊かな意識が存在することが示されてきた。たとえば、動物も痛みや恐怖を抱いていそうなこと、人間に近い心をもっているかのような行動をする動物種もいること等が示されてきた。こうした研究結果によれば、動物の「心の有無」や「心の働き」に関して、人間との間に実体のある差があるとは必ずしもいえない段階にある。

とはいえ、人間が生きるために、これまで動物は殺されてきたし、今もなお殺され続けていることにかわりはない。だが、昨今では、産業動物のより快適な環境づくりを目指して、例えば牛舎にブラシを設置し、ウシがそれに体をこすりつけることでリラックスできるようにする実験研究や、糞尿から生じるアンモニアレベルをいかにして下げられるかといった、産業動物にとってより快適な環境を目指す努力なども行われている。いのちを頂くことが回避出来ないのなら、せめて殺すまでの期間は少しでも快適な環境で過ごせるように、という動物への共感がそこには見受けられる。

肉食という文化を考える

資料が示すように日本人の肉消費量は増加している。それならば消費者である私たちは、肉の作られ方、その過程に含まれる問題を知るべきであろう。そのためには、食育に力を入れることも大事になってくるだろう。

地球上では、人口と所得が増加し続けており、現状では食料需要は拡大傾向にある。農林水産省の『世界食料需給動向等総合調査・分析関係業務』（二〇一二）によれば、耕地の砂漠化が進み、異常気象の増加などによる食料生産へのマイナス影響から、食料生産量が不安定になることが懸念されている。また、地球全体では今なお人口が増加を続け、食料不足の地域も多い。

肉食は、資源・エネルギー的にはかなり非効率なことらしい。食料として食肉と穀類の生産量を比較すると、単純計算で同じ土地面積の場合、家畜の放牧より穀物の栽培の方が、牛肉の八倍、豚肉の六倍、鶏肉の四倍の食用たん白質を生産できるという（ロビンズ、一九九二）。牛肉一キログラムを生産するにはエサとして十一キロのトウモロコシが必要になるとか。それならトウモロコシのまま出荷した方が大勢の人々の空腹を充たすことが出来そうだ。このように考えると食肉の生産は、実は非常に非効率な作業であることがわかる。これを受けて、ウシの幹細胞を培養して食肉をつくり出す技術も研究されている。この方法が確立されれば、食肉生産に際して動物のいのちを断つ必要も無く、そもそもエサのトウモロコシを沢山消費せずに済むだろう。ただし、現在の技術では、本物の食肉と味や食感がそっくりな代替品を作り出すには相当の時間と費用がかかり、実用化には程遠いようだ。

ウシ、ブタ、ニワトリなどの飼育条件の過酷さやいのちを断つことへの批判から、少数ながらベジタリアンになる人もいる。「ベジタリアン」とは、基本的に肉を食べずに植物性食品を食べる、菜食主義の人を指す。卵と乳製品を食べるか食べないかの違いによって、さらに細かいグループに分かれている。キリスト教、仏教、道教、ジャイナ教、ヒンズー教などの信者は、慈悲、博愛、因果応報、心身の清浄化などの観点から菜食を選ぶ。また哲学者や芸術家など精神性、感性を研ぎ澄まそうとする人にも菜食主義者は少なくない。一九九六年以降流行した狂牛病や口蹄疫、化学物質などによる食肉汚染の不安もベジタリアン増加の背景にある。だが、ベジタリアンは少数派であることにかわりはない。

ベジタリアンに対しては、動物は食べないのに植物なら食べてもよいとはそれこそ種差別の典型ではないかという批判もある。また、私自身はベジタリアンではないし、肉食をやめるべきとも考えていない。人間は雑食動物であり、肉からしか摂取できない栄養素もあるのだとすれば、人間には肉を食べる権利があると言えないこともなさそうだからだ。

このように、肉を食べることについては、様々な考え方や立場があるが、肉を食べる際に、肉の切り身が出来上がるまでのなりたちに思いを馳せること、いのちを頂くという自覚をもって感謝を込めて食べることは、産業動物との「共生」の一つのあり方だと思う。食生活は多様な背景を持つ各人の主義信条の問題と密接に結びつくものであり、どのような考え方が正しく、また、間違っていると断ずることはできない。各人が向き合い、じっくりと考えたい問題である。

四　「食べかた」の変遷―日本人の肉食文化の時代的変遷

本章「一　食の変化」では、ヒトがかつてはハンターであったことを説明した。当然日本人も例外ではなく、縄文人が狩猟採集していた証拠が数多く残っている。

古代から江戸後期までの日本人の肉食

日本人の伝統的食生活の特徴は、食用の産業動物を飼育しなかった点にあるとされる（中村、一九八九）。もともと雑食的食習慣だった日本人に、最初に肉食を禁じたのは、『日本書紀』（七二〇）に記された天武天皇による勅令、殺生禁断令であったという（山内、一九九四）。その内容は、ウシ、ウマ、イヌ、サル、ニワトリの五種類の肉の食用を禁じるというものだ。当時、ウシやウマは飼われてはいたが、それは農耕や運搬の労役に用いられるためで、食用目的ではなかった。ニワトリの場合には複数の神の名に使われるからなど、禁令の理由にはさまざまな説明がなされている。

その一方で、山野での狩猟や海洋での漁（捕鯨を含む）は禁止対象ではなかった。さらに、ウシ、ウマ、サル、イヌ、ニワトリの狩猟や肉食が禁じられていたのは、四月から九月までの半年間に限られ、残りの休耕期間は何でも自由に食べられた。また、指定の五種類以外の動物ならいつでもなんでも食べてよかった。実際、この勅令を出したのち、天武天皇自身が、何度か狩猟に出かけていたといわれている（山内、一九九四）。つまり一部の動物の肉は、表向きは食べることを禁じられていたものの、実際には食べられていたようである。

その後、中世や近世に入ると、肉食禁止令や殺生禁断令が複数回発布されることになる。因果応報を説く仏教では殺生が「罪」であったこと、また、「死穢《しえ》・血穢《けつえ》」すなわち死や血による穢れを忌避する神道的な行動原理が背景にあったことが考えられる。平安時代には、寺院の清浄を目的とする周辺二里以内の殺生禁断令が頻回出され、鎌倉時代には、幕府が毎月六日間と彼岸の殺生を禁じている（一橋大学付属図書館、二〇一三）。その後、江戸時代初めには、徳川綱吉も「生類憐みの令」を出し、あらゆる生き物の殺生を禁じた。また、殺生禁断令に加えて屠畜の穢れを忌む「物忌令」も、平安時代以降何度も出されていた。物忌令では、肉を食べた者は一定期間飲食や行いをつつしみ、心身を清めて家にこもるよう規定されていた。この規定は時代につれて厳しさを増し、肉食への穢れ意識もそれに応じて高まっていったと考えられている。

しかし、社会においてこのように穢れ意識が強化されていったかに見えながらも、当時の日本人は肉をまったく食べないわけではなかったようだ。魚、鳥、ウサギ、イノシシだけでなく、牛肉や鹿肉も「薬喰い」という名目で食されていた。中世社会での一般的食生活が書かれる『料理物語』(著者不詳、一六三六)には、食肉の等級づけがなされ、ヒツジ、ウシ、ネズミなどの肉が最高級、シカ、サル、ウサギ、イヌ、キツネの肉が中級、イノシシ、タヌキ、オオカミ、ネコ、クマの肉が下級レベルとされていた(山内、一九九四)。このように、建前や意識の上では禁止すべきものでありながら、実質的には栄養を補うために肉食が行われていたことがわかっている。江戸中期には、野生の獣肉を販売し、煮炊きして食べさせる「ももんじ屋」が「山くじら」という看板を目印に営業を始めている。

さらに、肉食禁止令下での肉食復活の動きもみられた。牛肉加工業が盛んになった彦根藩の井伊家からは、味噌漬肉や粕漬肉、干生肉などが寒中見舞いに将軍家や各大名家に贈られていた(彦根市、一九六二)。ここでも建前を通し、薬用の「御養生肉」という名目ではあったが、味や香りが好まれ求められていたこと、栄養補給として重宝されていたことなどが歴史的記録から推測される。さらに、江戸中期に蘭学の影響を受けると、肉食を合理的と考える知識人から「邦人ハ獣肉ヲ食ハザル故ニ虚弱ナリ」といった主張が繰り広げられるようになった(山内、一九九四)。

一方、乳製品を食べる習慣は、日本では比較的新しいものである。牛乳が日本に持ち込まれた時期自体は六世紀頃と早かったが、しばらくは医薬品としての利用に限られていた。だが、徳川吉宗時代（一六八四－一七五一）には、オランダから千葉県安房峰岡の牧場にインド牛がやってきた。「牛を殺すこと禁制なり」という徳川家康の掟（一六一二）を破り、将軍吉宗をはじめ、大奥でも牛肉を愛好していたのだ（山内、一九九四）。また、白牛から搾った牛乳からは「白牛酪」というバターに似た乳製品が作られた。これらは、当時は強壮剤や解熱用の薬として、将軍家に献上品として納められた。生産量が高まった一七九六年頃からは庶民にも販売されるようになったが、一八五六年、伊豆下田にハリスが来日した当時の日本では牛乳は仔牛の飲み物とされ、人間が牛乳を飲む習慣はまだなかった。その後体調を崩したハリスのため、ハリスに仕える侍女がようやくの思いで法外な値で牛乳を入手したという（ハリス、一九五四）。当時の日本人の感覚では、農耕や運搬でウシはすでに家族の一員として十分に働いていると考えられていたので、「その上本来は子牛のものたるべき乳まで収奪しようというのは、いささか没義道にすぎる」、つまり仔牛が飲むべき牛乳を人間が飲むのは「子牛のものを盗みとる行為に思えた」らしい（渡辺、一九九八）。人々のそのような動物観も背景にあり、前田米吉が横浜に日本初の牛乳搾乳所を開いたのは、ようやく一八六三年になってからのことであった。

明治期から昭和初期までの日本人の肉食

その後少しずつ時代は肉食や乳製品の摂取量を増やしてゆく。西洋に追いつこうと、富国強兵や殖産興業が唱えられた文明開化の明治期に入ると、明治五（一八七二）年には明治天皇が宮中で牛肉を試食された。これが『新聞雑誌』（一八七二年一月発行）に報じられたことを事実上公的な肉食解禁だと解釈した多くの日本人に肉食が広まったといわれている（山内、一九九四）。このように解禁されることで肉食が広まったということは、肉食への穢れ意識が根源的な絶対的なものではなかったことの表れだと考えてよいだろう。

その後、明治政府は外交政策上、肉料理を主体とする西欧風の料理を宮中の正式料理に採択した。そのため、天皇や皇族も肉料理を公に食することになった。皇室だけでなく、知識人等によっても肉食は奨励され、各種の西洋料理本も出版された。文明開化と共に一般家庭にもすき焼きなど畜肉料理が普及した。

同時に、本格的な西洋料理を供する上流階級向けのホテルやレストランも増え、西洋料理の浸透がみられた。『お肉のススメ―肉食禁忌と食の文明開化』（一橋大学付属図書館、二〇一三）によれば、明治三十年代以降に料理書や婦人雑誌が台頭すると、伝統的な和食と肉料理を組み合わせた和洋折衷のメニューや、庶民にも気軽に作れる料理が紹介された。大正時代には主婦向けの最初の料理雑誌『料理の友』が出版された。食材の入手が難しく、西洋式の台所設備が普及していなかったため、実質的な庶民の食の西洋化は、昭和半ばの高度経済成長期を待つことになる（一橋大学付属図書館、二〇一三）。このように肉食が順調に浸透した様子からは、肉食への忌避感が実際にはほとんど存在していなかったか、あったとしても肉食の魅力がそれを上回っていたことが考えられる。

戦後から現在までの日本人の肉食

『食料需給表平成二十四年度』（農林水産省、二〇一三）や『食料需要に関する基礎統計』（農林省、一九七六）によれば、太平洋戦争直後の日本は、食料難に陥り、肉はおろか、果物、魚介類に加え、米、野菜の摂取量までもが減少した。ほどなく米の生産量が回復し、食の肉食化・欧風化に伴う酪農の発展や、それに伴うパンの普及から小麦の摂取量も増加し、戦前のように、魚介類の消費が拡大した。

その後、一九六四年には各都道府県教育委員会および知事あてに通達が出され、学校給食用に牛乳が供給されるようになって、牛乳を飲む習慣が定着した。経済の安定してきた一九六六年には、国民の栄養向上を図るため、政府も酪農の振興に力を入れ始め、乳製品の摂取量も増えていった。この時期は栄養源としての肉食と乳製品の摂取が推奨されており、ここにいたっては穢れや忌避感は皆無で、牛肉は高価な貴重品となっていった。

さらに、高度経済成長が本格化すると、肉、乳製品、卵などの畜産品の消費は、果物、野菜とともに急増し、肉食や洋食と合うとされるパンの消費が伸びる一方で、米の消費量は減少してゆく。二一世紀初頭からは、高齢化進行の影響もあって一人当たり消費量は全般的に低下傾向だが、小麦と肉類は依然として現状維持の傾向にある。つまり他の食材と比べても、肉食が好まれ望まれていることが見受けられる。

魚食

食肉とは一般的には哺乳類や鳥類の肉を指すが、魚もまた日本人にとって欠かすことのできない動物性タンパク質である。寿司は今や世界に知られる和食であり、お刺身人気も高い。食肉が増えているとはいえ、魚が日本人の食事に占める重要性は今なお決して低くない。そこで、以下では魚食について考えたい。

日本の食用水産物（魚とシーフード）一人当たり年間消費量は五三・七kg（国連食糧農業機関、二〇一二）と、日本は世界に名だたる水産物消費国である。また、食用魚介類一人当たり年間消費量（純食料）は二八・四kg（水産庁、二〇一三）にのぼり、周囲を海に囲まれる島国日本で食べられる魚は、海水魚から淡水魚までバラエティに富む。交通網や冷蔵冷凍技術の発達により、海沿いに限らず、内陸部も含め国内各地で多種多様な魚が食べられている。昨今では、魚を養殖する陸上の施設まで作られている。

日本近海には海流にのって魚が決まった季節にやってくるので、春のイカナゴやシロウオ、初夏のカツオ、夏のアユ、秋のサンマのように季節ごとに食べられる魚もある。お祝いの席には夕イ（鯛）が欠かせない御馳走であるとか、生活を彩る象徴として魚が食されることもある。火に集まる回遊魚サバをとる際の漁船の火を指す「鯖火」という季語や、春に産卵のため内海に集まる真鯛の雄の腹が桜色で、ちょうど桜の開花時期と重なることから呼ばれる「桜鯛」など、魚にまつわる言葉も豊富である（井上、一九九六）。

また、釣りの人気も根強い。『レジャー白書二〇一三』によれば、日本の釣り人口は、二〇一三年一月時点では十五歳から七十九歳まで人口の七・九%、八〇六万人と推計されている（公益財団法人日本生産性本部、二〇一三）。

このように多くの人々に親しまれている魚の肉は、その種類や入手法だけでなく、食べられる方法もまた様々に工夫されている。切り身を煮焼きし、すり身にして蒲鉾やソーセージなどの練り物に加工することも多いが、丸焼きにして、あるいは寿司ネタとして、魚の全身の形がリアルにわかる状態でも食べられる。

私が子どものころ、我が家に滞在した米国人の少年に、一尾の焼き魚を夕飯に出したことがあった。ところが、それを一目見た少年は「（魚の）目がついている！」と悲鳴を上げて食卓を離れ、かなりのショックを受けた形相で「日本人は残酷だ」と母国の家族に興奮して電話を掛けていた。日常的に食卓に上る普通の焼き魚が、異文化からの来訪者には残酷な食べ物に見えるのかと、家族も私も逆に驚かされる経験だった。

動いている生きた魚介類をそのまま、あるいはスライスして食べることもある。それらを直火にかけ、熱さに身をよじる様子を「踊る」と称した「踊り食い」は、残酷焼きとも呼ばれる。私自身は残酷に思えて決して食べられないが、人気の高級メニューである。生きたタコの脚をぶつ切りにして食べる際、脚だけになってもくねくねと動き、口に入れると吸盤が吸い付くこともあると聞く。踊り食いや活け造りは昨今では控える動きもあるが、それは加熱が不十分な状態で食べることによる寄生虫感染リスクを回避する理由からのようである。

クジラは哺乳類だが、海産物として日本では魚肉とみなされる。クジラを食べる文化に対して海外からの風当たりは強いが、日本人にはさほど抵抗感はない。食生活は育った文化的背景や宗教的背景によって大きく異なる。日本人の魚食は、海外では場合によって残酷だと見られかねないことを理解しておく必要があるだろう。それは、欧米人がシカ猟を楽しむことや、内陸アジアの人がヒツジを日常的に殺すのを見てわれわれ日本人が残酷だと感じるのと同様に、伝統の違いから来ることなのである。

五　肉食の考え方と向き合い方

これまで見てきたように、時代とともに人々の食生活は変化し、その中で肉食の頻度や量は増え、社会的容認の度合いも進んできた。同時に、生き物を育てる畜産においても、効率が重視されていった。そのことが、産業動物を劣悪な環境においたこと、そこからシンガーの「動物福祉」の考えが生まれ、「動物の解放」の議論が生まれたことは紹介してきたとおりである。

欧米でこのような「動物の解放」の議論が出されてきたのは、人間の利益のために自然支配を当然視してきた欧米のキリスト教的思想に対抗してのことである。このような「動物の解放」の考え方はむしろ、日本の仏教やアニミズムによる自然観、つまり、自然を人間と共生する対象として考える日本の伝統的自然観にはしっくりくるように思われる。

だが、それにもかかわらず日本で動物福祉の考え方が浸透していないのはなぜだろうか。これは動物を管理対象と考えて、その管理者としての福祉を含む管理責任を考える欧米人と、動物は共生対象と考え、福祉を含む管理を自分の責任とは必ずしも感じない日本人の考え方の違いから来るものかもしれないという説もある。だが、現代社会の経済システムが少しでも安い肉を買いたいと望む消費者のニーズを優先するあまり、動物の福祉に掛けるコストがやむなくカットされていることも考えられる。いずれにせよ、企業の立場に立てば、そもそも効率優先の観点から、産業動物の飼育環境を合理化し、コストカットせざるを得ない。また、コストカットした環境についての情報は積極的には公表したがらないという現状もあるだろう。

肉食を考える教育

私たちが動物の肉を食べることと、動物のいのちを断つこととのつながりは、日常ではほとんど意識されない。また、それが話題に出されにくいのは、動物の苦痛と死に対する嫌悪感を呼び起こすためではないだろうか。そこで以下では、肉となる産業動物のいのちが、いかに人々に意識されているかに焦点をあて、著者が携わる教育現場について考えてみたい。

昨今では、「いのちの教育」の一環として、学校でも食材としての産業動物を用いた教育実践が行われている。育てることと食べることが一直線上にある連続した工程であることを「いのちの教育」の一環として学校で教える取り組みもなされている。多くの場合、自分たちが食する肉がどのように作られているのか、その工程を認識させることで、いのちは別のいのちの上に成り立っていることを知ってもらい、いのちに対する感謝の心を育てることが目的とされる。これについては、それは学校で行うには残酷すぎるという意見と、絶対に必要なことだという意見があり、議論を呼んでいる。

たとえば、長野県では、屠畜工程を小学校五・六年生に紹介するビデオ『ブタさん、いのちをありがとう』が作られ、配布されている（長野県動物愛護センター、二〇〇六）。そこでは、ブタが生まれる場面から、成長して屠畜され、肉のかたまりになるまでが淡々と、しかし生々しく映し出されている。長野県のサイトには、そのビデオを見た子どもからの感想が掲載されている。その一部を紹介しよう。

私たちが生きていくためには、動物たちの命をもらわないと生きていけないから、心から感しゃをして食べたいと思いました。（小学四年生）

鳥にもウシにも豚にも、人間にも、同じ重さの命がある訳だから、豚が死ぬのと人間が死ぬのを同等な事として考えないといけないと思った。（中学三年生）

コンベアに入れられる前の一列に並んだブタたちが頭から離れなくて……残酷だと思ったけど、それは私たちのためであることを常に忘れちゃいけないと思った。そして、いつもちゃんと生きようと思った。（中学三年生）

ブタさんはかわいそうだけど、みんなのいのちになっているんだなと、わかりました。こんど

からブタの肉を食べるときは、ブタさん「ありがとう」と言って食べたいです。(小学三年生)

ここに見られるように、子どもたちの感想には、自分の命が他の動物の命に支えられている現実、命の価値などについて多く書かれており、肉食について考えることが、死や生について考える契機になっていることがわかる。

さらには、実際にブタを自分で育てる教育実践も行われている。一九九〇年に大阪の小学校の教室で児童が育てて卒業式に食べるという約束でブタが飼い始められた。ところが、次第に愛着がわいたそのブタを本当に食べるかどうかが、卒業を前に教室で真剣に議論された。「Pちゃん」と名付けられたそのブタは、三十二人のクラス児童に世話をされてかわいがられ、「産業動物」から「ペット」のような存在となっていたのだ。Pちゃんの処遇を巡って、食べるか食べないかという論争は学内にとどまらず、児童を追ったドキュメンタリー番組がテレビ放送されると、視聴者にも大きな反響を呼んだ。「残酷だ」、「それは教育ではない」といった多数の批判的意見が寄せられる一方で、教育のためにあえて苦労の多い素材を選んだ教師の情熱と、真剣に問題に対峙する児童の姿を支持する人たちもいた。

その支持者の一人が監督となり、二〇〇八年十一月にはこの実践が映画化された(黒田、二〇〇三)。しかし、映画の中でも、激論を交わした末にクラス全員が納得する明快な結論が導き出されたわけではなく、最後は担任教師の一票で結論が決められた。クラス全員が納得できる結論を導く授業が出来れば、個人的には理想的だと思う。だが、そのためには、本章「三　人間中心主義と種差別」でも述べたようなダブルスタンダードのあり方、つまり、ペットと産業動物の取り扱われ方の違いや、ヒトと動物との取扱いの違い、私たちがそれぞれに対して異なる二重の基準を使い分けている理由やその是非について正面から理解を深めるプロセスが欠かせないだろう。学校で動物を飼い、責任をもってその動物のいのちを管理するという授業は、得られるものも大きそうだが、机上で知識を伝える授業に比べると、手間暇も知識や配慮も必要で、その扱いは難しい。

大学の生命倫理や死生学の講義の中で、筆者自身も産業動物の生死の管理や操作のあり方について扱う回がある。実際に動物を飼うほかにも有効な方法はあると考えているため、これまで数年にわたり、いろいろな教材の提示方法を試してきた。まずは予備知識の無いまま映像を見て、リアリティを感じる方が真剣に考えられるものなのか、あるいは、予備知識を勉強した上で映像を見た方が、状況に思いをはせられるだろうかなどと試行錯誤を続けている。近年では、リアリティをより一層感じてもらうために、数値化されたデータなどの事実を淡々と積み重ねて現状や背景を紹介した上で、前述した映画『いのちの食べかた』や『ブタさん、いのちをありがとう』などの映像素材の一部を利用している。

突然映像を見せることの難しさは、「怖い」「残酷だ」「ショック」といった否定的な感情が先立ち、「見たくない」「考えたくもない」と感じる人たちが少数ながらも出てくることにある。これには、現代の長寿社会では身近で死に触れる経験が減り、いのちについてじっくり考える機会や経験が乏しくなったことも影響しているだろう。そこで講義では、動物ではなく人間の生や死を様々な観点から取り上げ、生や死について考える経験を積んだ後、動物のいのちについて考えてもらうようにしている。すると、動物のいのちの犠牲の上に食肉があり、食肉のおかげで人間のいのちをつないで来られたことについて、落ち着いて考えられるようになる。動物のいのちを考えることは、動物福祉の観点からはもちろんのこと、そこから長じて人間のいのちの重みを考えられるようになる点でもとても重要なことである。

肉食にどう向き合うべきか

食肉代替品の生産実用化が難しい現状では、人間が肉食文化を捨てることはおそらく不可能に近いだろう。だとすれば、私たちは肉食文化を維持するために犠牲となる産業動物に対して、どのようなことができ、何をすべきだろうか。感謝して肉を食べること、そして、いのちの犠牲を無駄にしないために、食材を無駄にしないこと、動物福祉に配慮して作られた肉や魚を選ぶなど、いろいろな向き合い方がありうるだろう。

畜産業とは、家畜を利用するために育てる産業である。効率重視の大量生産システムには、安い肉を供給するという利点がある一方で、鳥インフルエンザ、口蹄疫などの感染症を発生させやすいという短所もある。また、本章「二　飼育の現場」で説明したように、家畜が不健康になるため、食品としての安全面の問題もある。飼育のコストがかかるとしても、配慮された環境で健康に飼育された動物の肉はリスクが下がる。産業動物福祉の観点は、ひいてはわれわれ人間の食の安全を高めることにもつながってくる。

肉を食べるべきかどうか、食べるならどのような肉を選ぶべきか、そもそもどのように産業動物を取り扱うべきなのか。知識が空白なところに良い発想は生まれない。まずは知識や情報を集める必要がある。社会では、いろいろな意見や代替方法が考えられ、主張されている。様々な主張や考え方については、文献やインターネットで情報を集めることができるだろう。私たちの生活の場とかけはなれたところで肉はどのように生産されているのか。実際に肉を作っている生産者の様子を勉強し、業務のお邪魔にならない範囲で見学させて頂き、直接話を伺える機会があれば、より実態に迫れることだろう。

インターネット上では、欧米や台湾などの養鶏事情、酪農事情などが動画サイトなどに紹介されている。生産者の下で、はたから見ると痛ましく飼われているように見える産業動物の様子も少なからず見ることができるかもしれない。このように一人一人が無関心な態度を捨て、関心を持って情報を集めることは、社会を変える出発点になる。社会を作っているのは紛れもなく私たち一人一人の人間だからである。

また、動物愛護団体の関心対象が、最近ではペットから実験動物や産業動物へと広がりを見せている。動物に対する「愛護」などの抽象的な議論に加えて、具体的な実践としての「ケア」へのまなざしも強化してゆくためにも、そもそもどのような方法でどのような肉が作られるのか、勉強できる機会が提供される必要があるだろう。

消費者が「動物の肉を食べている」という感覚を持ちにくい現状を改め、屠畜の情報が公開され、そこから知識を得た消費者が肉の生産過程を理解した上で、複数の選択肢から選べる市場になれば、コストをかけて健全な飼育過程を経た肉が、少し高値でも売れるようになるだろう。消費者である私たち一人一人が行動を起こすことが、現状の食肉の在り方を変えることになるのだと思う。

本章では、私たち人間の動物に対する態度、人間が生きていくために動物のいのちの管理や操作が行われ、動物の肉が食べられている現状と肉食の歴史的経緯などを概観した上で、私たちがどのようにこの現状に向き合えるかについて考えてきた。

二〇〇五年に「食育基本法」が制定され、食育推進に向けたさまざまな取組が行われている。食育が注目されてきた背景には、消費者が食肉の実態を知らないことから生じた諸問題への反省もあったことと思われる。食育を通じて、これまでは食材としての認識が主であった食肉について、その製造過程にも消費者の意識がより一層向けられるようになることを期待したい。

文献

愛知県（二〇一一）「名古屋コーチンの育種改良／農業総合試験場」（平成二十三年十二月一日公表）
http://www.pref.aichi.jp/0000017970.html
社団法人畜産技術協会調査（二〇〇八）『乳用牛飼養実態アンケート調査（中間とりまとめ）』
http://jlta.lin.gr.jp/report/animalwelfare/h20/cow/no2/cm5.pdf（二〇一三年一〇月一六日閲覧）
社団法人畜産技術協会調査（二〇〇九）『肉用牛飼養実態アンケート調査（中間とりまとめ）』
http://jlta.lin.gr.jp/report/animalwelfare/h21/beef/no2/b_m5.pdf（二〇一三年一〇月一六日閲覧）
社団法人畜産技術協会調査（二〇一一）『アニマルウェルフェアの考え方に対応した豚の飼養管理指針』
http://www.maff.go.jp/j/chikusan/sinko/pdf/pig.pdf（二〇一五年五月二五日閲覧）
著者不詳、平野雅章（訳）（一九八八）『料理物語』、教育社
ルネ・デカルト、谷川多佳子（訳）（一九九七）『方法序説』（岩波文庫）、岩波書店
ニコラウス・ゲイハルター（作）（二〇〇八）ＤＶＤ『いのちの食べかた』、紀伊國屋書店
タウンセンド・ハリス、坂田精一（訳）（一九五四）『日本滞在記（中巻）』（岩波文庫）、岩波書店

ルース・ハリソン、橋本明子・山本貞夫・三浦和彦（共訳）（一九七九）『アニマル・マシーン―近代畜産にみる悲劇の主役たち』、講談社
彦根市（一九六二）『彦根市史（中冊）』
一橋大学付属図書館（二〇一三）『二〇一三 お肉のススメ―肉食禁忌と食の文明開化』
井上まこと（一九九六）『季語になった魚たち』（中公文庫）、中央公論社
環境省（二〇〇六→二〇一三改訂）「動物愛護管理基本指針」https://www.env.go.jp/nature/dobutsu/aigo/1_law/guideline.html（二〇一四年四月六日閲覧）
環境省（二〇一三）「家畜のアニマルウェルフェアについて」http://www.env.go.jp/council/14animal/y140-37/mat04.pdf（二〇一四年四月六日閲覧）
国連食糧農業機関（二〇一一）FAOSTAT.2011. Food Supply http://faostat3.fao.org/search/*/E
黒田恭史（二〇〇三）『豚のPちゃんと32人の小学生―命の授業900日』、ミネルヴァ書房→二〇〇八『ブタがいた教室』日本／カラー／一〇九分／配給：日活
ジム・メイソン、ピーター・シンガー、高松修（訳）（一九八二）『アニマル・ファクトリー飼育工場の動物たちの今』、現代書館
毎日新聞（二〇一三）「ストール飼育：妊娠豚用の飼育法、生産性重視し動物虐待？―日本では8割採用、EUでは今年から禁止―」（『毎日新聞』二〇一三年八月一〇日付記事）
伊勢田哲治（二〇〇八）『動物からの倫理学入門』、名古屋大学出版会

長野県動物愛護センター（二〇〇六）『ブタさんいのちをありがとう』
http://www.pref.nagano.lg.jp/dobutsuaigo/jigyo/shiryoshitsu/buta.html（二〇一四年四月六日閲覧）
名古屋コーチン協会（二〇一四）「名古屋コーチンとは」
http://nagoya-cochin.jp/02_about/index.html（二〇一四年四月六日閲覧）
中村禎里（一九八九）『動物たちの霊力』、筑摩書房
公益財団法人日本生産性本部（二〇一三）『レジャー白書二〇一三』
日本聖書協会（一九九一）『聖書』
農林省（一九七六）『食料需要に関する基礎統計』
農林水産省（一九九九）『地鶏肉の日本農林規格』平成十一年六月二十一日　農林水産省告第八百四十四号（最終改正：平成二十二年六月十六日農林水産省告示第九百二十三号）
http://www.maff.go.jp/j/kokuji_tuti/kokuji/k0001034.html
農林水産省（二〇〇四）『畜産統計　二〇〇四』
農林水産省（二〇一〇）「平成21年度　食料・農業・農村白書」（平成二二年六月十一日公表）平成二十一年度　食料・農業・農村の動向、第一部　食料・農業・農村の動向第二章　健全な食生活と食の安全・消費者の信頼の確保に向けて（1）食料消費と食品産業の動向　ア　食料消費の動向
http://www.maff.go.jp/j/wpaper/w_maff/h21_h/trend/part1/chap2/c2_01.html
同　用語の解説

http://www.maff.go.jp/j/wpaper/w_maff/h21_h/trend/part1/terminology.html#ygs007

農林水産省（二〇一二）「世界食料需給動向等総合調査・分析関係業務」
http://www.maff.go.jp/j/zyukyu/jki/j_zyukyu_mitosi/pdf/base_line_japanese.pdf　（二〇一三年八月一六日閲覧）

農林水産省（二〇一三）「平成24年度食料需給表」
http://www.e-stat.go.jp/SG1/estat/List.do?lid=000001117396（二〇一四年二月二一日閲覧）

ジョン・ロビンス、田村源二（訳）（一九九二）『エコロジカル・ダイエット—生き延びるための食事法』、角川書店

ピーター・シンガー、戸田清訳（一九七五）『動物の解放』（二〇一一改訂版）、人文書院

佐藤衆介（二〇〇五）『アニマルウェルフェア—動物の幸せについての科学と倫理』、東京大学出版会

水産庁（二〇一三）『平成二五年度水産白書』「第四節水産物の消費・需給をめぐる動き」
http://www.jfa.maff.go.jp/e/annual_report/2013/pdf/25suisan1-2-4.pdf（二〇一四年九月二一日閲覧）

日新堂（一八七二）『新聞雑誌』第26巻

渡辺京二（二〇〇五）『逝きし世の面影』（平凡社ライブラリー）、平凡社

山内昶（一九九四）『「食」の歴史人類学—比較文化論の地平』、人文書院

山内昶（二〇〇五）『人はなぜペットを食べないか』（文春新書）、文藝春秋

内澤旬子（二〇〇七）『世界屠畜紀行』、解放出版社

第三章　人に見られる動物たち――動物園動物

成島　悦雄

動物園から見た人と動物の関係

私は大学の獣医学科を卒業後、一九七二年四月に東京都庁に就職した。配属場所は上野動物園飼育課である。一九七二年は上野動物園開園九〇周年にあたり、新しい子ども動物園が九〇周年記念事業として西園地区に建設された。子ども動物園が私の最初の勤務場所で、ウサギとモルモットの飼育を任された。モルモットがラセン状のスロープを下る訓練が完了し、いよいよ一般公開される日に事件が起きた。ウサギとモルモットの飼育小屋を野犬が襲ったのである。野犬が体当たりした結果、飼育小屋の網が折れ曲がり、小屋の中はウサギとモルモットの死体が散乱していた。野犬には獲物を殺したいという強い衝動があったようで、殺したが死体を食べ散らかした跡はなかった。どうせ殺すならきちんと食べればよいのに、殺すだけ殺して、そのまま去ってしまうとはなんてひどい奴らだと憤りを感じた。動物は自分が生きていくうえで必要な分量だけ獲物を殺し、むやみに殺すような無駄なエネルギーは使わないと大学の授業で習っていたので、現実は必ずしもそうではないこともあるのだと知らされた。

私にとって波乱含みの社会人スタートであったが、一九七二年は、上野動物園にとっても大きな出来事が起きた年である。この年の十月二八日、日中国交正常化を記念してカンカン、ランランという二頭のジャイアントパンダが来園したのである。当時のジャイアントパンダの知名度は現在と異なり、それほど高いものではなかった。世界自然保護基金（ＷＷＦ）のシンボルマークとして知られていたものの、少なくとも身近な存在ではなかった。しかし、キュートで可愛いぬいぐるみそのものといった魅力からか、あっという間にジャイアントパンダ人気が高まった。飼育職員は来日したばかりのジャイアントパンダ観察のため、交代で二四時間勤務となった。一般公開は十一月五日に決まり、私は公開初日の前の晩である十一月四日の徹夜観察を命じられた。公開日前日から徹夜組がでる盛況ぶりで、動物園側から開園を待って動物園の正門から上野駅の方向に人々が多数並ぶのを見て、大変な人気なのだなと人ごとのように観察していた。その後のパンダ・フィーバーは、ご存じのとおりである。上野動物園の年間入園者数をみると、十一月からという年度途中の公開にもかかわらず一九七二年度の入園者数は前年度を一〇〇万人も上回る五〇一万人、以後一九八〇年まで毎年六〇〇万人を越える年間入園者数を記録した。現在の年間入園者数は三〇〇万人台で、ジャイアントパンダ初来日時のおよそ半分である。いかにフィーバーしたかを示す強烈な数字である。ジャイアントパンダの集客力のすごさに〝人寄せパンダ〟あるいは〝客寄せパンダ〟という流行語もでき、今でも使われている。誰が言い出したのか不明だが、田中角栄元首相が一九八一年六月の東京都議選で「私は、人寄せパンダ。頼まれればどこへでも（応援に）行く」と発言したのが最初だという説を、鷹橋信夫は紹介している。

私はジャイアントパンダと関わるなかで、いろいろな経験をさせていただいたが、特に印象に残っている記者会見がある。ジャイアントパンダが死亡すると上野動物園では記者会見を行うが、今までに二回、涙の記者会見が開かれている。最初は一九九七年九月に雌のホアンホアンが死亡した時である。当時、私は上野動物園の動物病院係長であった。ホアンホアンは三回出産し、うち二頭が成育している。死亡時の年齢は推定二五歳で、パンダとしてはかなり高齢といってよい大往生であった。死亡記者会見に出てマスコミの方々から質問を受けるという経験は初めてであった。緊張しながら飼育係長とともにいくつかの質問に答えていたが、突然、隣に座っていた飼育係長が泣き出してしまった。その途端、パシャパシャと立て続けにストロボがたかれて記者会見は中断、ホアンホアンの死亡を伝えるテレビニュースはその場面一色であった。二回目は二〇一二年七月に雄リーリーと雌シンシンの間にうまれた子どもが亡くなった時である。この時、記者会見で目頭がうるんだのは園長である。彼によると、飼育職員がパンダの赤ちゃんの急変を知らせるために必死の形相で園長室に駆け込んできた姿や、今まで飼育職員が払ってきた献身的な努力とそれが報われなかったことの無念さの思いが頭を駆け巡ったのだという。もとよりこの二人のジャイアントパンダとの関わりや置かれた状況は異なるが、死亡してもなお経験ある動物園人の感情をゆさぶるジャイアントパンダの魅力を伝えるにふさわしいエピソードだと思う。

ところで、動物園の動物がマスコミにとりあげられるのは、脱走事故、出産、成長中の子どもといったネタがほとんどである。事故を別とするとキーワードは〝可愛い〟である。人間の活動が原因で野生動物が絶滅の危機にあると訴えても、あるいは、繁殖のためにこんな努力を払っていますと紹介しても残念ながらマスコミの反応は大きくない。しかし、動物の可愛いしぐさや姿への関心は高い。これらの題材は一般市民の関心をひくと考えられているのだろう。関心が高いからマスコミが取り上げ、マスコミが取り上げるのでより多くの人々が関心を寄せるという相乗効果が生まれている。動物園人としての生活を始めて以来現在まで、私はジャイアントパンダをはじめ脚光を浴びるいろいろな動物と出会い、関わってきた。仕事とはいえ私のように毎日、動物園に行って動物に出会える生活を送っている人は珍しい存在であろう。本章では動物園で人に見られる動物と長年つきあってきた私の経験を踏まえて、人と動物の関係について考えてみたい。

一　日本人の好む動物

動物園に行けば、いろいろな動物を見ることができる。人気の程度は動物の種類によってさまざまである。人気の流行り廃りもある。ヘビは昔から嫌われ者の代表だし、脚光を浴びてスターになった後、いつのまにか忘れさられる動物もいる。ハムスターやモルモットなどのペット、人との類似性の多いサル類、しぐさの可愛いパンダなどは人気動物の常連だ。動物の赤ちゃんは動物種を問わず人気がある。春先になると動物園はベビーラッシュに見舞われるが、動物園での赤ちゃん誕生はマスコミにとって、世相をなごます好材料として扱われる。新人記者は事件がなければ動物園に行けと言われるらしい。動物園にいけば人をなごませるなにかしらの埋め草記事が書けると認識されているようだ。

本章では、動物園で人に見られる動物たちをとりあげるが、まず、動物園で人気を得る動物はどのような種類で、どのような特徴を備えているか、いくつかの調査結果をもとに概観してみよう。

人気動物の調査

ＮＨＫ放送文化研究所世論調査部が二〇〇七年三月に全国三〇〇地点、一六歳以上の国民三六〇〇人を対象に実施した調査がある。それによると、日本人の好きな動物（哺乳類）と鳥ベスト二〇は表１、表２のとおりである（有効回答率六六・五％）。

表1　日本人の好きな動物ベスト20

順位	種
1	イヌ
2	ネコ
3	イルカ
4	ウマ
5	ウサギ
6	パンダ
7	コアラ
8	リス
9	レッサーパンダ
10	ラッコ
11	ゾウ
12	キリン
13	クジラ
14	トラ
15	ライオン
16	ハムスター
17	シカ
18	チンパンジー
19	アライグマ
20	サル

表2　日本人の好きな鳥ベスト20

順位	種
1	ウグイス
2	ペンギン
3	ハクチョウ
4	ツバメ
5	ツル
6	メジロ
7	インコ
8	カナリヤ
9	クジャク
10	フクロウ
11	スズメ
12	ヒバリ
13	カワセミ
14	オシドリ
15	アヒル
16	カモ
17	キジ
18	ホトトギス
19	ハト
20	ワシ

動物ではどう猛な猛獣より見た目が可愛い、あるいは人なつこい動物が上位に入っている。また、体の小さな動物より大きな動物が好まれるようだ。同調査部は人間との心理的距離感がそのまま順位に反映しているようであると分析しているが、私も同感である。鳥では昔から日本人に親しまれている種類やペットに人気が集まり、動物で見られた可愛いというイメージを持つ種類は二位に食い込んだペンギンくらいである。

インターネット調査のアイリサーチが二〇一〇年三月に山梨県を除く関東地方の一都六県、二〇歳以上の一〇〇〇人に実施した好きな動物調査結果も興味深い。（表3）

表3　好きな動物ベスト20

順位	種
1	パンダ
2	コアラ
3	ライオン
4	キリン
5	レッサーパンダ
6	ゾウ
7	トラ
8	ラッコ
9	シロクマ
10	カンガルー
11	アライグマ
12	ウサギ
13	ヒョウ
14	チーター
15	ウマ
16	リス / ビーバー
17	ゴマフアザラシ
18	アシカ
19	ゴリラ
20	サル

飼育動物の人気投票を実施している動物園もある。名古屋市東山動物園では一九六五年から数年おきに同園飼育動物の人気投票を実施している。二〇一二年に第二〇回目を迎えた。来園者が好きな動物を選び、投票することによって順位を決定する。二〇一二年十月におこなった人気投票結果を示す。好きな動物三種類を記入して投票した結果で、投票者数は三八一〇名、投票総数は一九六五票であった。（表4）

表4　第20回東山動物園人気動物ベスト10（2012年）

順位	種	票数
1	コアラ	1359
2	ゾウ	1272
3	ライオン	1156
4	キリン	1037
5	ペンギン	675
6	ホッキョクグマ	408
7	シンリンオオカミ	357
8	トラ	352
9	クマ	259
10	ゴリラ	230

東山動物園の調査は自園飼育動物に限られているが、結果はＮＨＫ放送文化研究所やアイリサーチと同じ傾向にある。アイリサーチは関東地方、東山動物園は愛知県中心の居住者が対象の調査であるが、ともに可愛い動物、体が大きく格好の良い動物が好まれる傾向にある。

目を世界に向けるとどうなるであろうか。野生動物のすばらしさを映像で提供する活動を行っている非営利団体ARKiveが二〇一三年にARKiveのホームページ(http://www.arkive.org/worlds-favou)でおこなった調査を表５に示す。一六二ヵ国一万四〇〇〇人が投票したという。

表５　世界の、私の好きな動物

順位	種
1	カカポ
2	トラ
3	アフリカゾウ
4	ハイイロオオカミ
5	ホッキョクグマ
6	レッサーパンダ
7	チーター
8	ユキヒョウ
9	ボルネオオランウータン
10	アムールヒョウ

投票に参加した人数と国の数以外の情報はないが、日本の結果とは微妙に異なる。一位に輝いたカカポは、ニュージーランドに生息する飛ぶことができないオウムである。日本では無名といってよい鳥である。二位から十位に選ばれ種類は、日本の人気動物と重なる大きい、速い、美しい、というイメージをもった動物たちである。可愛いというイメージからは少し離れているようだ。それぞれ絶滅に危機にある種類で、ARKiveを利用している人は、どちらかというと動物の保護に関心の強い層が多いようだ。

動物園の動物は野生動物

動物園では、いろいろな動物が飼育展示されている。子ども動物園には主にウサギ、モルモット、ウマ、ヤギ、ヒツジ、ブタなどの家畜がふれあい活動に使われている。もちろん野生動物もたくさん動物園に飼育されている。ゾウ、サイ、キリンのような大型動物、ライオン、チーター、ヒョウ、クマなどの肉食動物やサル、ゴリラ、チンパンジーなどのサル類などさまざまである。人々が動物園に行く主な目的は動物を見ることのように考えられるが、実際はそうではない。珍しい野生動物がいる施設で家族や親しい人と楽しく時間を過ごすことにある。

一方、動物園を運営する側の思いは、来園者が珍しい動物を見て満足してもらえればよいというだけではすまない。動物の魅力をきっかけに、その動物のことをもっとよく知り、おかれている状況についても考えてもらいたいと思っている。野生動物は人間のさまざまな活動の影響をもろに受けて、その生存が脅かされている。手っ取り早く野生動物に出会える動物園だからこそ、映像では味わえない生の野生動物の魅力を通して、野生動物といかに共存していくかを来園者に考えてもらうことが動物園の使命だと考えているからだ。

人気のある可愛い動物やかっこ良い動物ばかりでなく、目立たない地味な動物の魅力にも気づいてもらいたいと、動物園はいろいろと工夫をこらしている。しかし、来園者の反応は今一つである。動物園は〝いのちの博物館〟であると声高に言っても、動物園の独りよがりで、珍しい動物を見て楽しくすごすためにやってきた来園者とのギャップは大きい。このギャップを埋めるには、動物園で飼育しているすべての動物を人気動物に仕立てあげるしか手はないのであろうか。

動物園公式ツイッターへの反応

現在はインターネットの時代である。インターネットを使うことで、誰でも手軽に情報発信ができるようになった。新鮮な情報を発信するためにソーシャル・ネットワーキング・システム（ＳＮＳ）を活用している動物園水族館も多い。私が勤務していた井の頭自然文化園も公式ツイッターを開設している（https://twitter.com/InokashiraZoo）。短い文章と写真で情報を発信するが、反応をリツイート件数でみると、リス、カピバラ、フェネックなど可愛い姿やほのぼのとした姿に対

するものが圧倒的に多い。（表6）

一位となった「ナベヅルのかかと」は、かかとの位置はここですよと紹介したものだ。人々は普段、鳥のかかとの位置など気にしていない。そこに、かかとはこんなところにあると示したことで、人々の知的好奇心を刺激することに成功したようだ。

ウイットのきいた文章でなるほどそうだねと思わせる情報を流すと反応も強い。大きな反響を呼んだ多摩動物公園のツイッターを紹介しよう（https://twitter.com/TamaZooPark）。多摩動物公園はアリからゾウまで見ることのできる動物園をキャッチフレーズにしているように、昆虫の飼育展示が充実している。同園の昆虫園本館では生きている虫を展示しているが、腕時計型などの虫よけ機器の電源を切らずに入館する人が増えた。そのため二〇一一年の夏から「虫よけスプレー等のご使用はご遠慮ください」と書いた看板を建物の入り口に設置している。二〇一三年の七月に同園の公式ツイッターでこのお願い看板を紹介した。『「く・くるし〜、やめて・・」毎年、この時期になると昆虫園本館入口前に出てくる看板。みなさ〜ん。これから見るのは「虫」なんですよー。お願い、おやめになって・・・籠の鳥ならぬ、籠の虫からの切なるお願い(虫)』という文章である。その結果、四八〇〇件近い人がリツイートし、八三五人がお気に入りに登録した。あまりの反響の大きさに興味を持ったテレビや新聞が記事として取り上げ、それが更に評判を呼ぶことになった。ツイッターの威力とマスコミの力の連携プレー効果を見せられた出来事であった。

表６　井の頭自然文化園の公式ツイッター・リツイート数ベスト20

順位	項　目	件数
1	ナベヅルのかかと	382
2	熱帯鳥温室閉館のお知らせ	341
3	ニホンリスの腹這い写真	265
4	しっぽを傘代わりに利用するニホンリス	217
5	本日開園記念日、入園料無料のお知らせ	210
6	岩盤浴をするニホンリス	146
7	熱帯鳥温室企画展延長のお知らせ	128
8	ニホンリス、ひんやり砂風呂	126
9	明日は開園記念日	118
10	モルモット	118
11	都民の日無料開園のお知らせ	115
12	スタンプラリーのお知らせ	111
13	シマヘビ	102
14	カピバラの潜水	88
15	コジュケイのヒナ	74
16	オオサンショウウオのぬいぐるみ	73
17	団子状になって眠るフェネック	62
18	園内の白梅開花	62
19	横になって寝るアライグマ	60
20	ニホンリスの子リス用水上ベッド	57

二　人気動物は作られる

テレビや新聞などマスコミの力は人気動物を生み出す原動力となっている。一九八四年に、首のまわりにある襟巻きのようなヒダを立てて疾走する不格好でユーモラスなエリマキトカゲの姿が自動車のテレビコマーシャルで流され、大変な人気を呼んだ。一九八五年には、アルビノのメキシコサンショウウオの幼形成熟個体が、ウーパルーパーの呼び名で即席焼そばのテレビコマーシャルに使われブームとなった。一見、あどけない子どものように見える可愛い顔とウーパルーパーとつけられた不思議な呼び名が相乗効果をあげたようだ。

熊本の動物展示施設で飼われている雄のチンパンジー・パンもテレビ番組で、天才チンパンジーとして大きな人気を得た。ズボンをはき、シャツを着てまるで人のように行動する。自らカメラ撮影もこなすが、ちょっと抜けているところもある可愛さが受けたようだ。この番組の制作に関わった方とお会いする機会があった。その方は、チンパンジーに着物を着せることは子どもにチンパンジーを近づけるために役立ち、子どもがパンを好きになることで動物の世界に興味を広げるはずだと話された。

たしかにこの番組を見た子どもはチンパンジーのパンのひょうきんな仕草を通して、パンを好きになるだろう。しかし、ほかのチンパンジーもパンと同じように行動すると思いこまないだろうか。パンは人から調教されており、テレビに出てくる姿はチンパンジーとしての本来の行動ではない。人に好感を持って受け入れられるように、さまざまなしぐさの中から編集を経て作られた「作品」である。その映像をみて本来のチンパンジーの行動とかけはなれていると子どもが気づくことは困難である。子どもばかりではない。大人もチンパンジーに対する誤ったイメージが植え付けられる。チンパンジーはチンパンジーであって人ではない。チンパンジーを擬人化することは、一時的な人気を得ることができても、本当の理解につながることはない。人の好奇心を満たすために一方的に消費される存在となってしまう。

二〇一三年の研究者の報告によると野生のチンパンジーの個体数は一七万～三〇万頭のあいだで、国際自然保護連合（ＩＵＣＮ）はチンパンジーを絶滅危惧種にランクづけしている。日本の主だった動物園水族館で組織される日本動物園水族館協会（二〇一五年現在動物園八九園、水族館六四館が加盟）という団体がある。日本動物園水族館協会は園館の垣根をこえ、協力して希少動物の飼育繁殖に取り組んでいる。パンも、環境省の了承を得て飼育繁殖を目的に宮崎の動物園から熊本の動物展示施設に移動したが、ショーやテレビ番組出演に使われ飼育繁殖がおろそかになった。当時、私は日本動物園水族館協会種保存委員会でチンパンジーの種別調整者を担当していた。日本で飼育されているチンパンジーの飼育繁殖を、飼育施設の協力を得て進めることが仕事である。本来の繁殖目的に使われていないため、たびたびパンを飼育している動物展示施設の方と話し合いをもった。しかし、話し合いは平行線をたどり進展しなかった。日本動物園水族館協会の倫理委員会もテレビ出演を止めて飼育繁殖に専念するように勧告したが、この施設は方針が異なるとして二〇〇九年に日本動物園水族館協会を退会した。

二〇一二年、十一歳近くに成長したパンがこの施設で実習していた学生を襲う事故が起き、テレビスタジオでの出演が自粛となった。これは起こるべくして起きた事故である。チンパンジーの力は人がとうてい及ぶものではない。雄は七〜九歳で性成熟する。卓越した動物トレーナーであっても性成熟した雄を人の力でコントロールすることはできない。チンパンジーの握力は四〇〇kgを越えると言われている。とぼけた感じから可愛いペットのように思われがちだが、森の住人としてアフリカで生き延びるために身につけた身体能力は、人の想像を超えるものがある。

私の失敗談を紹介しよう。雌のチンパンジーを麻酔して治療をおこなっていた時のことである。麻酔が効いてよく眠っていると思っていたチンパンジーがやおら起き上がろうとした。麻酔がさめる前兆があったのかもしれないが、私たちは気がつかなかった。あわてて治療器具を持って部屋の外に出た。このチンパンジーはふらつきながらも私たちを追いかけてきた。部屋の中ではチンパンジーが扉を開けようとし、廊下側では私たちが扉を開けさせまいとする光景が繰り広げられた。二人がかりでかろうじて扉を閉めることができ、事なきを得た。麻酔から覚醒途中でチンパンジー本来の力を発揮できなかったことが幸いであったが、元気いっぱいのチンパンジーだったらどうなっていただろうか。麻酔管理の不備を指摘されて当然のヒヤリ・ハット事例である。

パンの事件は、ちょっとお茶目で可愛いパン像を追い求めるたくさんのファン、人気動物をできるだけ活用したい熊本の動物展示施設やテレビ局の思いが、結果としてずるずると引退を延期させ、人が傷害を受ける結果を招いた。更に、チンパンジーは〝凶暴〟だというマイナスのイメージを人々に広めることにもなった。野生動物は野生動物としてつきあえば未然に防げた事故である。残念でならない。

立ち上がるレッサーパンダ

二〇〇五年五月、二本足でカッコよく立つレッサーパンダが千葉市動物公園で飼育されていると新聞で紹介された。このレッサーパンダの名前は風太。二〇〇三年七月に静岡市日本平動物園で生まれ、繁殖のために千葉市動物公園にやってきた。日本動物園水族館協会が行っているレッサーパンダ繁殖作戦の一環で、繁殖目的の移動ということではチンパンジーのパンと同じである。二本足で立つレッサーパンダはあまたいるが、背筋を伸ばし、後ろ脚ですっくと立ちあがる姿がことのほか美しいのは風太だけというふれこみである。その日の夜にはＮＨＫのテレビニュースで取り上げられ、日本全国に放送された。その後マスコミ各社の報道合戦が繰り広げられ、あれよあれよと言う間に人気が沸騰していった。なるほど人気はつくられるものなのだと、テレビや新聞の報道を通して人気の形成過程を同時進行で観察できた出来事であった。

レッサーパンダが二本足で起立することは解剖学的に当然で、珍しいことではない。人間の足と同じように足の裏全体をつけて移動するレッサーパンダにとって、二本足で立ちあがって体を支えることは難しいことではない。野生でも短時間だが立って、周囲を見回すことがある。千葉市動物公園の風太が人気を得ると、別の動物園のレッサーパンダも立つという報道が繰り広げられた。千葉市動物公園には風太を見ようとお客さんが殺到し、カメラや携帯で立ち姿を撮影する人たちでいっぱいだったという。

起立姿勢のレッサーパンダ（撮影　著者）

同年五月下旬、風太騒動に対して旭山動物園が「レッサーパンダを『見世物』にしないでね」とホームページで批判めいた発言をしたことから別の騒動が起きてしまった。旭山動物園のホームページに書かれた全文は以下のＵＲＬを参照していただきたい。(http://www5.city.asahikawa.hokkaido.jp/asahiyamazoo/zoo/genntyann/lessor.html)

概要は以下のようである。「最近レッサーパンダの見るに耐えないニュースが氾濫しています。どこのレッサーが何秒立った！　レッサー様々入園者が増えた！　名前を登録商標！　昔のエリマキトカゲのブームを思い出してしまいました。いや、エリマキトカゲの方がまだましだったかもしれません。あれは良くも悪くも野生下でも見られる特徴的な行動だったから。野生のレッサーパンダが普遍的に何十秒も直立する、あるいは立って歩く習性があって、これまで飼育下ではその行動を引き出してあげられていなかったのであれば「凄い！」ことです。しかし、よく考えてみて下さい。そうではないですよね。あの取り上げかたは「芸」です。「見せ物」です。……「このレッサーパンダ立たないんだって。つまんない」これがレッサーパンダブームが招いたレッサーパンダの見方です。……私たちプロの側が、素人に短絡的に「受けること」を続けていていいのでしょうか？レッサーパンダを「見せ物」にしないで下さい。関係者の方お願いします。」

共感できるまともな意見だと思う。旭山動物園の発言に対し、「所詮見世物の動物園が『見世物』とよその動物園を批判するのは何事か」「旭山動物園だってえさで釣って動物に芸をさせている」と抗議のメールが旭川市役所に寄せられたという。その後、旭山動物園は公式ホームページで「感情に走ってしまった」と謝罪した。同園の副園長は「何秒立つとか、歩くとかのお祭り騒ぎに違和感を感じた」としつつも、「前段で十分な説明をしないで、芸とか見せ物という表現を使い、誤解を招いた」と釈明したと報道されている。

今までの日本の動物園では他園を公に批判することはなかったと言ってよい。仲良しクラブみたいなものだ。マスコミのフィーバーに踊らされ、自分の立ち位置を見失った動物園を見て、旭山動物園は苦言を呈さずにいられなかったのであろう。これを契機に仲良しクラブに別れを告げ、風通しのよい園館関係を作ることで日本の動物園の発展につなげていければと思う。

三　ゾウは猛獣？

アジアゾウのはな子

井の頭自然文化園にアジアゾウのはな子がいる。敗戦後、はじめてやってきたゾウで、二〇一五年現在六八歳、日本で飼育されたゾウのなかでもっとも長生きのゾウである。

戦争が終わった当時、ゾウは名古屋の動物園に二頭、京都の動物園に一頭、合計三頭しか日本の動物園に残っていなかった。猛獣処分の一環として戦時中に処分されたためである。少し詳しく見てみよう。一九四一年八月、陸軍東部軍司令部獣医部から空襲を想定した動物園の対策について文書を提出するよう命令が下された。この命令に対して上野恩賜公園動物園（現在の上野動物園）が中心となって動物園非常処置要項を作成し、東部軍司令部に提出した。この要項では飼育動物をその危険度に応じて「最も危険なもの」、「比較的危険少なきもの」、「一般家畜類」、「その他」の四段階に分類し、また危急の度合いを「防空下令ありたるとき」、「空襲ありたるとき」、「空襲による爆撃火災等の危険近接したるとき」、の三段階に分け、処置の準備から実際の処置にいたるまでの対応を定めた。ゾウは「最も危険なもの」に分類された。このように空襲に備えて動物園では猛獣処分の準備がなされていた。

一九四三年になると戦争を効率的に遂行するため、東京市と東京府が合併して東京都となった。実際に猛獣処分命令を出したのは初代東京都長官大達茂雄である。昭南島特別市（シンガポール）市長であった大達は、外地の戦況の厳しさから、空襲の厳しさ・悲惨さを国民に徹底して知らしめ、戦意の引き締めをはかるため猛獣処分命令を出したと考えられている。まだ米軍による日本本土の爆撃は行われていなかったが、大達長官の命令に従い、上野恩賜公園

68歳になったゾウのはな子（撮影　著者）

動物園ではライオン、トラ、ヒョウ、クマ類、ガラガラヘビ、ゾウなど一七種二七頭を処分した。ゾウはアジアゾウの雄ジョン、雌のワンリーとトンキーの三頭である、ワンリーは日本名を花子という。

戦争が終わり平和が戻った日本には、関東以北の動物園にゾウは一頭も残っていなかった。戦争で家族を失い、家を焼かれ、毎日の食事もままならない厳しい状況のなか、ゾウを見ることで子どもたちに元気になってもらいたいと大人達ががんばった。日本の大人ばかりではない。タイやインドの大人も日本のこどもたちに夢をあたえようと協力してくれた。敗戦後の復興にむけて、外国からゾウを持ってくる前にもっとやることがあるはずだと言う人がいるかもしれないが、「人はパンのみにて生きるにあらず」(新約聖書マタイ伝)である。タイではプラ・サラサスさんと長男のソウムワン・サラサスさん父子、インドでは当時のネール首相が日本にゾウを送るため尽力され、戦争が終わって四年経った一九四九年九月四日にタイからはな子が、三週間後の九月二五日にインドからインディラが来日した。当時の新聞紙上から来日したゾウに対する熱烈歓迎ぶりが伝わってくる。はな子とインデイラはともに上野動物園で飼われることになった。

はな子は一九四七年にバンコク郊外の農園で生まれた雌のアジアゾウで、来日当時は二歳半ほどであった。当初はな子はガチャ子とよばれていたが、同じタイから上野動物園にやってきて戦時中に猛獣処分で殺された花子にちなんで、はな子と命名された。名前の公募にあたっては読売新聞がキャンペーンを受け持ち、その経費を講談社の野間清六社長が負担した。一方、インドからやってきたゾウのインディラは朝日新聞がキャンペーンをくりひろげた。

はな子が武蔵野市民や三鷹市民の要望を受け、上野動物園から井の頭自然文化園に移ってきたのは一九五四年三月である。その後、一九五六年酔って侵入した男が、一九六〇年四月に飼育係員がはな子に踏み殺される不幸な事件が起きた。はな子に限らず、ゾウは扱いが難しい動物なのである。

ゾウの飼育方法

ゾウの飼育は、飼育係員がゾウのいるところに直接入っていき、餌を与え、糞や食べ残しを掃除し、体のケアをするといった方法が日本の動物園では一般的である。時にはゾウに乗ることもある。このように飼育係員とゾウの間に何も遮るものがない状態で飼育する方法を「直接飼育」という。トラやライオンのような猛獣では、このような飼育方法はとられない。言うまでもなく危険だからだ。動物と飼育係員の接触は最小限度に押さえられる。飼育係員がライオンの寝室を掃除するときは、寝室にライオンがいない時に限られる。このような飼育方法を「間接飼育」という。

動物園の飼育係員の死傷事故の大半はゾウが原因である。アメリカの動物園でゾウの飼育係員を長年勤めた方からも、アメリカでは危険な職業の一つに動物園のゾウ飼育係員があげられていると伺った。ゾウは危険性において猛獣と同じ扱いなのだ。残念ながら日本でもゾウによる死亡事故が二〇一五年現在十二例記録されている。

インドやタイなど東南アジアには、専門のゾウ使いがいる。彼らは野生のゾウを訓練し、森で伐採された材木の運搬に使っている。近年は森の奥まで道路が整備されたため、材木の運搬も機械化されてゾウが失職する事態も起きているようだ。ゾウ使いはゾウと寝起きを共にする生活を送っている。代々ゾウ使いという家系もある。二四時間ゾウと一緒にいてゾウの動きを熟知したゾウ使いでも死傷事故は起きている。一方、動物園の飼育担当者がゾウと一緒にいるのは一日のうち八時間にすぎない。動物園の飼育係員にゾウ使いと同じことを求めるわけにはいかない。

飼育係員がゾウと直接ふれあいながら飼育する姿は、観客からは心なごむ光景に見えるであろう。あんな大きな動物を人間はコントロールできるのだなと感心して見る人もいる。ゾウと飼育係員が一緒にいるのはあたりまえのように見えるが、実際は大きな危険をはらんでいる。現実のゾウは、童話や童謡に登場する気持ちのやさしい「ぞうさん」ではない。れっきとした野生動物である。ゾウは頭がよいので、一見、人間の言うことに従っているように見える。しかし、長い年月をかけて人に飼い慣らされた家畜ではないことを忘れてはいけない。

ゾウの直接飼育に慣れ親しんできた動物園であるが、飼育係員の事故が絶えないことと最悪の場合は死亡事故につながることから、近年は「準間接飼育」に移行する動物園が増えてきた。準間接飼育は英語のprotected contact（守られた状態での接触）の訳で、飼育係員とゾウの間に飼育係員の安全を確保できる安全柵を設置して飼育作業にあたる方法である。一九八七年にアメリカのサンディエゴ・アニマル・パークで初めて導入された。ゾウを訓練することで、安全柵のそばにゾウを寄せ、柵越しに足や体に触れてケアを行う。耳からの採血も可能である。欧米の動物園でも毎年のように飼育係員のゾウによる死傷事故がおきている。飼育職員の安全を確保するため二〇一一年にアメリカ動物園水族館協会（ＡＺＡ）はすべてのＡＺＡ加盟園が二〇一四年までにゾウの飼育を準間接飼育に移行することを決定した。都立動物園のゾウも、近い将来、準間接飼育に移行することになっている。

はな子の飼育方法

二人の死亡事故を起こした後も、はな子の飼育は直接飼育であった。はな子は慎重な性格で、危険を察知した場合、まず自分を守ろうとする。頭が良く、人間に気に入らないことをされた場合は、誰にやられたかをきちんと覚えている。その時、何事も起きなかったといって安心はできない。例えば、掃除用のデッキブラシで機嫌よく遊んでいたときに、飼育係員にデッキブラシを取り上げられると、取り上げた飼育係員を覚えているのである。飼育係員ははな子に嫌がらせをしたわけではない。そうじのために必要なので、掃除道具を返してもらっただけだが、はな子はひどい仕打ちを受けたと思い込んでしまうようだ。機会を見つけて、「あのときはよくも私の楽しみをうばってくれたわね」と、その人間に攻撃をしかけてくる。擬人化した表現だが、はな子の行動を解釈するとそのように考えられる。

はな子と相性の合わない人間もいる。なぜ相性が合わないのかわからない。人間側に落ち度はないが、はな子が相性が合わないと決めるので、いたしかたない。相性が合わない人間に対して、はな子はそばに来るなと攻撃的な態度にでる。

このようなわけで、はな子に攻撃を受けた飼育係員は少なくない。数年にわたり飼育係員に対する攻撃が続いたため、これ以上直接飼育を続けては重大な事故がおきると判断して、二〇一一年から準間接飼育に移行することにした。

すると、はな子ファンから抗議が相次いだのである。今まで日本の子どもや大人に夢と勇気を与えてくれたはな子に、ひどい仕打ちをするな。ひとりぼっちのはな子は飼育係員とのふれあいを求めている。なぜ、直接飼育を止めるのだ。私たち観客も、はな子と飼育係員のふれあいを見ることで心をなごませてもらっている。はな子は悪い子ではない。今まではな子が飼育係員を攻撃したなど聞いたことがない。はな子をきちんと飼えないのは、飼い方が悪いせいだ。などなどである。飼育係員の代わりはいくらでもいるが、はな子の代わりはいないという抗議には驚かされた。動物園は戦場ではない。仕事に命をかけるのは素晴らしいことだが、「命をかける」とはことばの綾であり、実際に死ぬ必要はない。飼育係員にも家族や友人がおり、かけがえのない存在であると考えられないものだろうか。インターネット上でも、はな子の直接飼育中止は反響を呼んだ。そのほとんどは直接飼育に戻せというものであった。

はな子に対する人々の思いはとても強い。はな子は単にはな子という名前がつけられたアジアゾウではなく、はな子という「人格」をもった特別な存在になっている。はな子ファンはそれぞれ、自分の人生をはな子に投影してはな子を見ているようだ。

はな子は二人を事故死させて凶暴な人殺しゾウとして虐待を受けたが、心優しい一人の飼育係員の献身的な努力により、冷たく閉ざした心を開き、今ではわたしたちに優しいまなざしを向けてくれる。なんて素晴らしいゾウなのだろうという思いが、はな子ファンの心の底にあるのだろう。しかし、この物語ははな子を題材に作られたもので、事実とは異なる。まず、はな子は凶暴なゾウではない。二人が事故死したのも、はな子にとっては自身の身を守るための正当防衛といえる行為である。足を鎖につながれ飼育小屋に幽閉された後の飼育係員との和解も、美談として創作されたが、ゾウの飼育と健康管理は複数人であたっており、チームワークによる飼育のプロとしての創意工夫により、はな子は健康を回復したのである。

直接飼育を止めたことに対する騒動は半年ほど続いた。マスコミにも投書が届いたようで、新聞社からはな子の準間接飼育への移行について問い合わせを受けた。園に直接、質問にこられた方には面談で、メールや手紙による問い合わせには返信で私たちの考えを説明させていただいた。匿名での問い合わせや抗議には返事ができなかった。はな子を心配してくださる方は、はな子を題材にした本、テレビ番組、映画で得た情報を真実そのものと思い込んでいるようだ。動物園としては、ゾウとしてのはな子について正しい情報を伝えるとともに、飼育職員が安心して働くことのできる安全な環境のもとで、はな子の飼育管理をきちんと行っていく努力を重ねていくことで、理解を得ていきたいと考えている。

四　動物に名前をつける

本章には、カンカン、ランラン、パン、風太、はな子、インディラと人から名前をつけられた動物が登場する。自分のペットに名前をつけるのは当然のことで、珍しいことではない。というより、イヌやネコを飼っているのに、名前をつけないと変に思われるだろう。動物園動物はペットではない。しかし、動物によっては名前がつけられている種類もいる。文化資源学の木下直之は知人と野毛山動物園にでかけた経験を基に、動物の名前について興味深い考察をしている。その知人はタヌキの名前を知っていて、「ヨリーッ」、「ナナーッ」、「タマキチーッ」と大声で呼びかけたが、タヌキの隣にいるハクビシンには無言であったという。このことから、動物園動物において名前を持つべき動物と持たざるべき動物の境界線は、どうやらタヌキの頭上あたりに引かれているようだと推定している。ゾウ、サイ、キリンといった大型動物、ゴリラ、チンパンジー、オランウータンといった類人猿は名前をつけられる動物の定番だが、最近は名前をつけられる動物の小型化が進行しているようだ。

動物園動物に名前をつけなくても個体ごとの飼育管理はできる。動物園では、個体ごとの飼育記録をとって飼育管理に役立てている。少し前までは紙ベースの個体記録カードに記録することが主流であったが、最近はパソコン上で電子データとして扱う園も増えている。個体ごとに記録をとるのは哺乳類、鳥類、爬虫類で、群れ飼育されることの多い両生類や魚類は、個体識別が困難なことから群れ管理が主流である。個体識別することで、産卵や孵化状況はどうだったか、どのような病気にかかり、どのような治療がおこなわれ、薬剤に対する反応はどうだったか、健康時と疾病時の血液データはどうか等々、動物を健康に飼育して繁殖させるための基礎データが収集できる。個体情報が集まれば、他種と比較することで、種としての特徴も浮かび上がり、これらの情報をもとに、よりよい飼育管理や繁殖をめざすことができる。個体管理は動物園動物飼育の基本である。

個体を識別する

個体ごとに記録するためには動物を個々に識別しなければならない。熟練した飼育係員なら数十頭のニホンザルやライオンを外見から識別できる。

たとえば、ライオンを常時二〇頭以上飼育している多摩動物公園の飼育係員は、夕方になっておなかをすかせて運動場から寝室になだれ込むように戻ってくるライオン一頭一頭を瞬時に見分け、四～五頭の群れごとに寝室に収容していく。ライオンも気の合う個体と合わない個体がいる。気の合わない個体を同じ部屋に収容するとけんかになる。気のあう個体同士を的確に同じ寝室に入るように誘導していくのが、飼育係員の腕の見せ所だ。

多摩動物公園では個々のライオンに名前がつけられているが、歴代園長や課長の名前をそのまま使うことがある。○○は性格が悪い、△△は立ち回りがうまい、××はいろいろなメスにちょっかいをかけるなど、本人には面と向かって言えないこともライオンの性格なので文句の言いようがない。

個体識別の方法

外見での個体識別は肉眼に頼ることになる。毛の色、模様に違い、体格、体形などの特徴をとらえて見分ける。個体数が少なければ、それも可能であるが、個体数が多くなると、入れ墨や着色、足環装着といった外見からわかるような工夫を施す。動物に名前をつけて外見の特徴と名前を結びつけることで、個体識別が容易になる。

鳥類なら足環とよばれる金属やプラスチックでできた輪を足にはめて識別する。金属の足環には番号が刻印されている。小さな字で刻印されているため、刻印された番号を読むには捕獲しなければならない。プラスチックの足環は金属にくらべると耐久性は劣るが、いろいろな色のついたプラスチックを使うことで、色の組み合わせから外見での識別が容易になる。

新潟県佐渡島で飼育繁殖させたトキの野生復帰が行われている。放鳥されるトキは、翼に赤、青、黄などの色素が斑状に塗られている。羽は一年ごとにはえかわるので、個体識別が可能なのは次の換羽期までである。

ニホンザルでは、顔に刺青を点状に入れて個体識別する。目、鼻、口を中心として、その左右や間に刺青をうつ。たとえば、右の目尻は一番、鼻と口の間を十番とすれば、右の目尻だけに刺青のある個体は一番、鼻と口の間に刺青のある個体は十番、両方に刺青がある個体は十一番となる。

個体識別に役立つマーキングであるが、来園者に不評を買う場合もある。動物の写真を撮りに来園される方には、足環、色素剤、刺青といった人工物は写真写りが悪く、歓迎されない。最近は二㎜×十㎜ほどのマイクロチップを皮膚の下に埋め込んで個体識別をするようになってきた。

マイクロチップは外からは見えないので外見からの識別には役立たない。イヌやネコにも使われ、迷子になったイヌやネコの飼い主探しに役立っている。

名前をつけることの功罪

名前をつけて個体識別をすることで日本のサル学は、世界のトップレベルに達した。家庭で飼育するイヌやネコならいざしらず、観察対象である野生動物一頭一頭に名前をつけて見分ける手法は、西欧の研究者には思いもよらなかったようだ。人が自然や動物を管理することを当然とする西欧人の自然観と、人と動物との心理的距離があいまいな日本人の自然観との違いが背景にあるのかもしれない。

ところで、動物に愛称をつけると、その動物は擬人化されて人にとって特別な存在となりうる。アジアゾウのはな子に再登場してもらおう。はな子にはたくさんのファンがいるが、ファンの方々は、現実のはな子を見ながらも、自分の心にそれぞれのはな子像を描いているようだ。現実のゾウは、童話や童謡に登場する気持ちのやさしい「ぞうさん」ではない。厳しい自然環境の中で、餌を確保し、繁殖のためにパートナーを選び、子育てをし、次の世代へ命をつないでいる生身の生き物だ。そこに愛とか友情などといった人間の思いが入り込む余地はない。しかし、動物に名前をつけた途端に、人間の価値観が入り込む。夫婦間の愛情はどうか、浮気はしないのか、ハーレムを作る雄はうらやましい等々である。

動物に名前をつけることで、来園者と動物の距離を近くすることができる。飼育管理上も名前があることで個体識別が円滑にいく。しかし、名前に引きづられることで動物を動物として素直に見ることができなくなる危険も大きい。人と動物がこの地球上で共に生きていくために、私たちには、まず、動物を正しく理解することが求められる。そのためには、野生動物に名前をつけて擬人化し、人間の価値観を通して動物を見るのではなく、野生動物そのものとつきあうことから始めなくてはいけないのではないだろうか。名前はつけても、擬人化せずに動物としてみることができれば最も良いのだが、それはなかなか困難であるというのが私の実感だ。

五　環境エンリッチメント—動物を退屈させない工夫

辞書の動物園

三省堂発行の新明解国語辞典はユニークな語釈で有名な辞書である。同書第四版で動物園を「生態を公衆に見せ、かたわら保護を加えるためと称し　捕らえて来た多くの鳥獣・魚虫などに対し狭い空間での生活を余儀無くし飼い殺しにする、人間中心の施設」と説明している。同じ四版の「水族館」は「水中にすむ動物を飼って公衆に見せる施設」、「植物園」は「生態を公衆に見せ、かたわら資源保護・研究をはかるため、多くの植物を系統的に集めた施設」と説明されており、動物園の記載と比べて表現の差があまりに大きなことに驚く。動物園の項を担当された方の動物園に対する嫌悪の情、植物園に対する親愛の情、水族館に対する中立姿勢が率直に現れたものになっている。第五版では「捕らえて来た動物を、人工的環境と規則的な給餌とにより野生から遊離し動く標本として都人士《とじんし》に見せる、啓蒙を兼ねた娯楽施設」と表現が感情的に幾分トーンダウンしている。しかし他の国語辞典に比べて動物園に対する悪感情が反映された語義であることには変わりがない。

「……保護を加えるためと称し 捕らえて来た多くの鳥獣・魚虫などに対し 狭い空間での生活を余儀無くし」とは極端な言い方ではあるが、動物園の一面を捉えている。もちろん私たち動物園で働く職員は、狭い空間での生活を余儀無くし飼い殺しにしたいと思って動物園動物を飼育しているわけではない。人工的環境を少しでも生息環境に近づけ、心身ともに健康に暮らせる環境作りに取り組んでいる。二一世紀の動物園にとって、動物の福祉に配慮し、いかに快適に暮らせる環境を動物に与えていくかが大きな課題である。

動物園動物の飼育環境を考える

一九九〇年代はじめ、米国では動物園動物の福祉問題が発生した。動物園に反対する人々のなかには夜陰に乗じて、動物園に忍び込み、ケージをやぶって動物を逃がす過激な行動をとる人もでたという。この問題に対処するため、動物行動学、動物心理学、動物飼養学といった動物を健康に飼育するための基礎となる知識を統合し動物園動物の飼育環境を改善することでよりよい健康をめざす取り組みが始められた。具体的には、そうじのしやすさや衛生管理には配慮されているが、そこで暮らす動物にとっては単純な飼育環境を、複雑で予見できない豊かな環境に改善し、その動物種特有の行動を引き出して心を満たすことを目指す取り組みである。これは環境エンリッチメントと名付けられた。環境エンリッチメントの考えが日本の動物園に入ってきたのは一九九〇年代後半である。

環境エンリッチメントという言葉こそ使われなかったが、世界中の心ある飼育係員は動物が快適に暮らせる条件を整えるために努力を重ねてきた。三五年間に渡りスイスのベルン・バーゼル・チューリッヒの動物園園長を歴任したハイニ・ヘディガー（一九〇八〜一九九二）は、一九五〇年代に動物園動物における心理的充足の重要性について指摘している。しかしこれら先人の努力が動物園人に共有されるには動物福祉に対する人々の考えの変化を待たねばならなかった。

野生に比べると動物園の暮らしは安泰である。生きるために餌をもとめて苦労する必要はない。天敵から襲われる危険も皆無と言って良い。いわば毎日が三食昼寝付きの日曜日、動物園の生活は単純で刺激に乏しく、食べて寝る以外は時間をもて余しているように映る。読者は動物園のクマやオオカミが意味もなくケージの中を行ったり来たりする姿をご覧になったことはないだろうか。これは常動行動といって、やることがないため常に同じ動作を繰り返すことで時間をつぶしていると考えられる。チンパンジーでは食べたものを吐き戻してまた食べる、あるいは糞を食べたり壁にこすりつけたりするといった異常行動も見られる。これらの症状はいわゆる知能が高いといわれる動物によくみられる。刺激のない暮らしは、動物にとっても耐えがたいのである。

動物園における環境エンリッチメントの試み

動物園で行われている環境エンリッチメントの手法は、①飼育空間の改善、②遊び道具、③給餌方法の工夫、④動物の社会性の刺激、⑤感覚による刺激、⑥認知刺激、⑦訓練の七つに大別することがでる。

①飼育空間の全面的な改善には、植栽、隠れ家やプールの設置、土地に高低差をつけるなどが考えられるが、費用もかかり簡単にはできない。手軽な改善策として、樹上性動物が立体的に行動できるように、枝を組んだりロープを縦横に張り巡らしたりすることが考えられる。

②遊び道具では、放飼場にボールやタイヤを置く、ブランコを設置する、寝室に乾草やダンボール箱をいれるといったことが行われる。遊び道具を入れることで、動物が頭、口、足、尾、角などを体の各部を使ってこれらを動かす行動が誘発される。

③給餌方法の工夫として、餌を壁に塗りつける、まき散らす、隠すといった方法がとられる。いつもは食べない餌を与えることも刺激になる。⑥で紹介するパズルフィーダーも見方を変えれば給餌方法の工夫の一つと言える。

④動物の社会構成を再現することもエンリッチメントの一手法である。群れで暮らす動物は群れで、単独生活の動物は単独で飼う。当たり前のことだが、動物園ではおろそかにされてきた。単独生活者を複数飼育すると無用な闘争を招くことになり、反対に群れ生活者をペア飼育すると繁殖がうまくいかなくなる。

日本でゴリラが長年にわたり繁殖しなかった理由も、群れ生活をするゴリラの習性に反して、雄雌一頭づつのペア飼育を行ってきたためだ。ゴリラも人と同じ一夫一婦制に違いないという思い込みから、雄雌一頭づつ同居させたのである。欧米の動物園では、ゴリラはシルバーバックとよばれる成獣雄と複数の雌、そしてこどもたちからなる群れで暮らしているという野外調査の結果を取り入れ、積極的に群れ作りを図った結果、繁殖に成功するようになった。

刺激になるのは同じ種類の動物ばかりではない。他種との同居も良い刺激をもたらす。他種の中には飼育係員や来園者も含まれる。

⑤触覚、嗅覚、味覚、聴覚、視覚といった動物の感覚を刺激して退屈させない工夫もおこなわれている。香辛料、薬草、香水や他の動物の尿や糞をまいて刺激する、録音された音を動物のそ

ばで流して行動を誘発するなどである。米国には日替わりで肉食獣と草食獣を同じ運動場に出して刺激しあう試みをおこなっている動物園もある。肉食獣は草食獣のにおいが残っている運動場で、獲物はどこに隠れているのかと探索に時間をかけ、草食獣は肉食獣のにおいが満ちている運動場で安全な場所はどこかと緊張しながら暮らすことになる。

⑥認知刺激によるエンリッチメントとは、頭を使わなければ餌にありつけないように工夫することである。立方体をした箱の一面にだけ丸く空いており、動物は箱を転がして穴の面が下に来たときだけ餌が箱から落ちで食べることができるパズルフィーダーがその例である。動物が採食に要する時間が伸びるが、簡単には餌を食べることができないので「飼育係員のいじわる行動」と呼ぶ人もいる。多くの動物園にチンパンジー用の人工アリ塚が設置されているが、これも野生チンパンジーがアリ塚に枝を差し込んでアリ釣りをし

チンパンジーとアリ塚（撮影　著者）

て食べるという観察に基づいて飼育下に導入したものである。

⑦訓練も、環境エンリッチメントの一手法となる。もとよりサーカスのような曲芸を教え込むのではない。たとえば、オナガザルの仲間に注射器でジュースを飲むように訓練すると、自発的に注射器内の液体を飲むようになる。このような訓練を受けたサルは、体調を崩した時にストレスを感じることなしに服薬の投与が可能となる。口を開けさせる訓練も、虫歯や口腔内の検査がスムーズになる。また、適切な訓練を施す過程で、飼育係員と動物との間に信頼関係が作られることで飼育係員が動物により接近できるようになるため、飼育管理の質も向上する。

おサル電車と環境エンリッチメント

かつて上野動物園におサル電車が走っていた。現在では、おサル電車といっても何のことかわからない人が多くなった。遊園地にミニ新幹線が走っているが、その先頭にサルが座って運転するイメージである。運転士として訓練を受けたのはカニクイザル、タイワンザル、ニホンザル、サバンナモンキーである。おサル電車が上野動物園に誕生したのは一九四八年九月、一九七四年六月に動物愛護の声に押されて廃止されるまでの二六年間に一四〇〇万人近くの子ども達の夢を乗せて走った。

おサル電車は子どもたちに大人気で、「おサルの電車」という歌のレコードも発売された。「ピー

ポッポ　ピーポッポ、おサルの電車　明るいお庭をまわります。誰かがお菓子を投げました。お猿は拾う。電車は止まる。それ見てお客は大笑い。」という歌詞であったが、実際、サルの運転士はお客の投げ餌を拾うために電車をとめ、それが人気を呼んでという。私が上野動物園に就職した一九七二年は上野動物園開園九〇周年を記念して子ども動物園がリニューアルオープンしたが、おサル電車も子ども動物園の隣で新たな営業を開始した。休日になるとおサル電車に乗るために子どもが列をなして並ぶ人気があったので、その二年後に廃止されることになるとは考えも及ばなかった。

廃止のきっかけになったのは「動物の保護および管理に関する法律」（現在は「動物の愛護及び管理に関する法律」に法律名が変更されている）が一九七四年四月に施行されたためである。これを受けて動物保護団体はおサル電車廃止要望書を都に提出している。朝日新聞一九七四年四月二五日夕刊によると、「おサル電車に赤信号」という見出しのもと、専門家の意見が紹介され

おサルの電車（提供　朝日新聞社）

ている。京都大学霊長類研究所の河合雅夫教授は、「能力以上のことを強制しているわけではなく、訓練に気をつければ問題ない。狭いところで飼われているより、かえって息抜きになる。」、参議院の野末陳平議員は十数年前から自宅でサルを飼っている経験から「サルは人間と遊ぶことに快感、優越感を持つ性格がある。動物も人間も楽しめるのに廃止する必要はない」と存続意見を述べている。一方、日本動物愛護協会の増山仁太郎事務局長は「クサリでくくって長時間、電車に乗せるなどはサルの習性を無視しており、廃止は当然」と廃止を主張、動物保護審議会委員の戸川幸夫氏は「とくに虐待とは思わないが、廃止か存続かはサルの状態、管理に責任のある動物園が決めること。ただ昔ほど人気がなくなったから、やめたほうがすっきりしているかもしれない」と消極的な廃止論を述べている。

有識者の意見で事実と異なるのは、電車を運転するサルは三頭で、一時間ごとに運転を交代していること、一九七〇年代の利用者数は年間九〇万から一一〇万人で、一九五〇年代の五〇万から六〇万人に比べ、利用者は大きく増加していた。上野動物園はおサル電車をやめることで、全国で見られる動物を使った芸や格闘などをなくすきっかけにしようと廃止を決めた。最後のおサル電車が走ったのは一九七四年六月三〇日である。

サルが電車を運転するのは不自然なことで、そんなことまでしてサルの能力を見せる必要はないという意見もあるが、サルに充実した時間を提供する環境エンリッチメントの先駆的なものであったと考えることもできる。運転を任されたサルは、自分の意思で電車を止めてお客さんが投げた餌を拾い、食べてから運転を再開することを楽しんでいたと思う。おサル電車のアイディアを考え出した先人は、単純に子ども達の喜ぶ顔が見たかっただけかもしれないが、結果として今日の環境エンリッチメントにつながっていると見なすことも可能だ。おサル電車を、動物を使った単なるエンターテイメントとしてのみ動物園の歴史に残すのはためらわれる。先人の発想を積極的に評価したい。

動物園動物の福祉向上のために

環境エンリッチメントの目的はあくまでも、動物園動物の飼育環境を豊かにして精神的に健康な状態を作ることにある。その手法は動物の種類によって異なるだけでなく、個体によっても異なる。飼育担当者の日々の観察力と動物を健康に飼育したいという熱意と創意工夫が求められている。環境エンリッチメントの手法としておこなった結果の科学的な評価を行い、より効果的な手法開発につなげていく努力が必要である。

環境エンリッチメントがうまくいくと、その動物がもっている多様な行動が引き出されるが、環境エンリッチメントの目的は、動物の行動をおもしろおかしく見せることではない。精神面でも肉体面でも健康に飼育することが、動物園動物の福祉を向上させる。そのための手法の一つが環境エンリッチメントである。

特定非営利活動法人市民ズーネットワークは、環境エンリッチメントに取り組む動物園や飼育担当者を応援すると同時に、来園者である市民が環境エンリッチメントを正しく理解・評価することにより、市民と動物園をつなぎ、市民の動物園に対する意識を高めることを目指して、二〇〇二年度より「エンリッチメント大賞」を実施している。動物園動物の飼育状況を改善するための強力な応援といえよう。動物園という閉ざされた世界だけでなく、市民ズーネットワークをはじめとする動物園をとりまく人々との連携も、動物園動物の福祉を向上させるために必要である。

六　自然とともに生きる自然観

草木國土悉皆成佛

春になると、山の木々が緑色に色づきはじめる。この時期、日々、山を眺めていると、葉の緑が明るい色から、順次、深い緑に変化していくのがわかる。新緑の季節は気持ちがよい。夏が近づくと緑が深くなり、新緑の時期がなつかしくなるほどだ。このような春の山の変化を日本人は「山が動く」と表現してきた。山は生きものではないので、自ら動くことはない。山の変化を「動く」と感じる感性が、「山が動く」と表現させるのであろう。万葉集には、海の潮の干満や山に生える木々の消長をもとに、海や山にも命があると詠んだ和歌がある。

鯨魚取り　海や死にする　山や死にする
死ぬれこそ　海は潮干て　山は枯れすれ
（万葉集第一六巻第三八五二番）

海や山は生きていると感じる自然観は後に仏教と結びついて平安時代に「草木國土悉皆成佛」という成句が作られた。現代では哲学者の梅原猛が「國土」を「山川」にかえた「山川草木悉皆成仏」として知られている。「山や川などの自然物も草や木もともにいのちあるもので、皆、成仏する。いかなるものも大切にしなければいけない」という意味であろうか。環境宗教学の岡田真美子によると天台宗の僧侶安然（八四一～八八四？）が著した『斟成私記』が初出と考えられている。「草木國土悉皆成佛」は、単に草、木、土にも人と同じ命があるとみなしているわけではない。『斟成私記』が世に出た九世紀末の日本は、富士山大噴火（八六四～八六六）、貞観三陸地震（八六九）、開聞岳噴火（八七四）、出雲大地震（八八〇）、南海・東海・東南海地震（八八七）など自然災害が頻発した時代である。動く大地、吠える海という恐ろしい自然を体験した人々は

「草木國土」が鎮まってほしいと心から祈り、成仏を願った。その結果が「草木國土悉皆成佛」の言葉に結晶したのだと岡田は指摘している。

動物慰霊碑と日本人

やなせたかしが作詞した「手のひらを太陽に」という歌がある。

ぼくらはみんな　生きている
生きているから　歌うんだ
ぼくらはみんな　生きている
生きているから　かなしいんだ
手のひらを太陽に　すかしてみれば
まっかに流れる　ぼくの血潮
ミミズだって　オケラだって
アメンボだって
みんな　みんな生きているんだ
友だちなんだ

日本音楽著作権協会（出）許諾第1505151-501号

ミミズもオケラもアメンボも人と等しく生きていると歌い上げている。虫けらのいのちと人のいのちは、いのちという点ではかわりはないとする自然観は、動物の慰霊碑につながっていく。私たちは慰霊碑を作って動物に感謝の気持ちを表すことに不思議を感じない。畜魂碑、蛸供養碑、放生供養碑、ふぐ塚、鯨塚、魚塚、虫塚、花塚など命のあるものはもとより、筆塚、くし塚、包丁塚、人形塚など、命のないもの含めて碑や塚を立て、私たちの生活に役立ってくれたことに感謝の念を表す。これは、前述した「草木國土悉皆成佛」の精神が、世代を超えて日本人に伝えられてきたことの証しでもあるだろう。

慰霊碑は動物園の中にもある。動物園で一生を終えた動物達に、「私達を楽しませてくれてありがとう」と感謝の気持ちを表すために建てられた。慰霊碑なので、動物の骨が埋められている墓ではない。動物園の慰霊碑でもっとも古いものは上野動物園のもので一九三一年（昭和六年）一一月に建てられ、動物のレリーフとともに「慰霊」と書かれている。翌一九三二年八月に京都市動物園が建てた慰霊碑には「萬霊塔」と刻まれている。あらゆる生きもののいのちを等しく思う気持ちが「萬霊」に込められている。

秋のお彼岸の時期に動物慰霊祭を催す園館も多い。多くの場合、その動物園で亡くなつた動物を紹介し、来園者に献花していただく形式で慰霊祭は進行する。民間の動物園では僧侶が読経する場合もあるようだが、公立の動物園では宗教性を排除した形で行われる。

戦時中の猛獣処分がなされた上野動物園でも、殺された動物を「時局捨身動物」として慰霊祭が営まれた。一九四三年九月四日である。読経は浅草寺の住職が担当されたと記録されているので、きちんとした仏式の慰霊祭であったと思われる。このような状況においても慰霊祭を忘れないところが、日本人なのだろう。慰霊法要の案内状は次のようである。

拝啓　時下愈々御清祥之段奉賀候、
陳者上野恩賜公園動物園飼育動物中央決戦時局に鑑み非常措置せられしものゝ
慰霊法要を来たる九月四日午後二時より
園内に於て執行可致候間御来臨賜り度
比段御案内申上候　　　　敬具
昭和十八年九月一日
　　　　東京都長官　大達茂雄

慰霊祭会場そばのゾウ舎では、黒白の鯨幕が

京都市動物園の動物慰霊碑（萬霊塔）（撮影 著者）

張られ目隠しされている中で、二頭の雌トンキーとワンリーはまだ生きていた。動物が生きている中で法要とは異常な光景だが、戦争とはそういうものなのだろう。

動物慰霊碑は日本特有のもののようだ。外国の動物園人に動物慰霊碑を案内すると、これは動物のお墓ですかと質問を受ける。動物園で亡くなった動物に感謝の気持ちを現すためのものだと答えるが、たいていの場合、わかったようなわからないような不思議そうな顔をする。動物園で亡くなった動物に人が感謝するという考えが理解できないのであろう。私は今までにヨーロッパ、アフリカ、インド、アジア、オーストラリア、北アメリカ、メキシコの動物園を見学する機会を得たが、動物慰霊碑を見たことはない。動物園の方にも動物慰霊碑の存在を伺ったが、答えは常に「否」であった。例外は韓国のソウル大公園動物園と台湾の台北市立動物園である。両園には動物慰霊碑があり、慰霊祭にあたる動物に感謝する集いも行われていると園の方に伺った。両園ともに前身は日本の植民地時代にできた動物園であることから、日本の影響が残っているのかもしれない。

自然を管理する自然観から、自然とともに生きる自然観へ

旧約聖書創世記は「神は初めに、天地を創造された」の言葉で始まる。天地創造の七日間の初日、神は「光あれ」と仰せられて光と闇を分けて昼と夜を生んだ。二日目に屋根によって水を分け大

空を天とし、三日目に水を集め陸と海を創り植物を生えさせ、四日目に太陽と月と星を、五日目に魚と鳥を、六日目に地を這う獣、家畜、そして神の姿に似せた人をつくり、人を祝福して「産めよ、増えよ、地に満ちて地を従わせよ。海の魚、空の鳥、地の上を這う生き物をすべて支配せよ。」と言われた。すべてをつくり終えた神は七日目に休息された。神は人に大地を従わせ、生きものを支配し、自然を管理する資格をお与えになられた。

旧約聖書は厳しい自然環境の中で生活する人々の間に生まれた信仰を反映している。彼らにとり、自然の恵みに感謝し、自然と共に生きるというより，過酷な自然環境に働きかけ、いかに自然を管理して日々を生きのびていくかが課題だったのであろう。暮らす環境が異なれば、当然、自然に対する人々の態度も異なる。

人間が自然を管理するという人間中心の自然観をもとに西欧で発展した近代科学は、自然の法則を解き明かし、人に便利で快適な生活をもたらした。便利で快適な生活は大量のエネルギー消費に支えられているが、その大半は石油、石炭、天然ガスなどの化石エネルギーである。

体重六〇kgの人サイズのほ乳類のエネルギー消費量はおよそ一一八〇ワット、エネルギーを大量に使う現代日本人のエネルギー消費量は五六〇〇ワットである。五六〇〇ワットのエネルギー消費量は体重六トンある哺乳類のエネルギー消費量に相当する。体重六トンの動物といえばゾウが思い浮かぶ。つまり、現代の日本人は一人あたり自分の体重の一〇〇倍ほどもあるゾウと同じエネルギーを毎日、消費していることになる。今、地球上に人類がおよそ七〇億人暮らしている。七〇億人のエネルギー消費量は均等ではなく、先進国にすむ人々は多く消費し、開発途上国にすむ人々の消費は少ない。かりに人類すべてが現在の日本人と同じ生活水準を享受するようになると、地球はゾウ七〇億頭分のエネルギーを提供しなければならない。日本人の二倍のエネルギーを消費していると言われるアメリカ人と同等なら、ゾウ一四〇億頭見当のエネルギーが必要となる。大量生産・大量消費に疑問を持たない生活を続けていれば、それほど遠くない将来に地球環境に大きな影響を及ぼすことは明らかである。

地球環境を保って私たちが生き続けるには、エネルギーを大量に消費する生活を見直さなければならない。そのためには、人は神から自然を管理する資格が与えられているという考えから、「草木國土悉皆成仏」、つまり山、川、海、植物、虫、動物、すべてにいのちがあり、これらのいのちのつながりの中で私たちは生かされているのだという先人の知恵を、現代に活かすことが必要なのだと思う。現在は、自然を管理する自然観から自然とともに生きる自然観に方向転換すべき時代にある。

日本の動物園の役割

欧米の動物園を見学していると、動物園が野生動物の保全に取り組んでいることを熱く紹介していることに驚く。アフリカや東南アジア、南アメリカの野生動物の宝庫である熱帯雨林を守ろうという展示も多い。野生動物の保全に配慮した展示は日本の動物園に比べ、はるかに多い。しかし、これらの展示を見ていて、私はいつも違和感におそわれる。確かに、私たちが生き延びるためにも野生動物を守ることは大切である。熱帯雨林も守りたい。しかし、野生動物を追いやってきたのは一体誰なのか。自分たちは大量生産・大量消費による快適な生活を続けたまま、野生動物が豊富にいる発展途上国の人たちに、一方的に野生動物を守るために開発をするなと言ってよいのだろうか。いわゆる先進国にある動物園は、野生動物の保全に熱心だが、保全活動に野生動物とともにくらす地域の人々のことが見えてこないのだ。確かに表面的な展示はすばらしい。しかし、野生動物保全の鍵となる自分たちのくらしに言及しないのでは意味がない。

動物園という名前は同じでも、レクリエーション、教育、研究、保全のどの活動が重視されるか、国により異なる。レクリエーションの場として大人や子どもに明日を生きる力を与えることが最重要視される国もある。動物園動物の福祉を向上させることが急務とされる国もある。時と場所により動物園の役割は異なって当然である。その地域の自然観も動物園の管理運営に大きな影響を与えている。動物園は普遍ではない。生身の施設である。

ここで改めて日本の動物園の役割を考えたい。日本人は可愛い動物に惹かれる傾向が強いと紹介したが、日本の動物園は、「可愛い」動物だけでなく、「可愛くない」動物の持つ魅力も来園者に伝え、えこひいきのない野生動物ファンを作ることにもっと力を注ぐべきである。そのためには擬人化につながる動物に愛称をつけることの是非についての検討もすべきである。そして、いのちのつながりの中で私たちは生かされているとする古くて新しい自然観に立った動物園活動を充実させていくことが必要だ。欧米の動物園の飼育技術や展示技術に学ぶべきことは多々あるが、動物園を運営するバックグランドともいえる動物観、自然観については、日本ももっと発言すべきではないだろうか。地球環境の危機にあるからこそ、グローバル・スタンダードとなりつつあるキリスト教的自然観を無批判に受け入れてはならないと思う。

（注）「動物に名前をつける」項は、成島悦雄「動物に名前をつけることの功罪」（『わたしたちの自然』二〇一一年一一月号）を、「環境エンリッチメント」の項は、成島悦雄「動物園動物における環境エンリッチメントの試み」（応用動物行動学会・日本家畜管理学会上野動物園共催シンポジウム報告二〇〇三年五月）を改変した。

文献

鷹橋信夫（一九八六）『昭和世相流行語辞典―ことば昭和史Word & words』、旺文社
NHK放送文化研究所世論調査部（編）（二〇〇八）『日本人の好きなもの―データで読む嗜好と価値観』、四四～五九「犬好きの日本人、桜好きの日本人～生き物～」、日本放送出版協会
木下直之（二〇一三）「旅立ちを前に」『UP』四八五：一－六、東京大学出版会
ヘディガー、H、今泉吉晴・今泉みね子（訳）（一九八三）『文明に囚われた動物たち―動物園のエソロジー』、思索社
小菅正夫（二〇〇一）「野生動物をどう見せるか」、『どうぶつと動物園』五三（一〇）：一〇－一三、東京動物園協会
岡田真美子（二〇一三）『小さな小さな生きものがたり―日本的生命観と神性』、一～三六「山川草木のいのち―草木國土悉皆成佛と日本的生命観」、昭和堂
成島悦雄（編著）（二〇一一）『大人のための動物園ガイド』、二二四－二二七、養賢堂
成島悦雄（二〇一四）「どこに行くのか動物園―日本の動物園が抱える課題」、『博物館研究』四九（一一）、六－九、日本博物館協会

第四章　ラボから始まるいのち――家畜・実験動物からヒトまで

柏崎　直巳

はじめに

ヒトを含めた哺乳動物のいのちについて考えてみよう。多くの人がその終わりについて、さまざまな問題を指摘している。飼い主のいないペットの殺処分、動物実験のありかた、毛皮の着用やヒトのターミナルケアもしかりである。しかし、個体のいのちは、その始まりがあって終わりがある。そして、いのちの始まりについては多くの人があまり知らないラボ（研究室）で始まるものがある。ラボで始まるとは、人間の手、すなわち何らかの人為的な操作や要因が加わっていのちが始まるということである。例えば、家畜のウシでは、フローサイトメトリーという機器で雌雄判別した精子を人工授精することにより雌雄の産み分けをしている。また、ある雄ウシ（種雄牛）のこどもは、その雄ウシの死後にも誕生することもある。さらには、両親のいないいのち、細胞が親である「体細胞クローン」の動物も誕生している。我々人間の社会においても、生殖補助技術を適用すれば、すでに亡くなった人のこどもが誕生したり、自分で自分の孫を分娩したりすることも現実のものなのだ。

私の担当するこの章では、ヒトを含めた哺乳動物のいのちの始まりについて、ラボがかかわるものを紹介し、考えてみたい。

一　人工授精

人工授精とは、人為的に雄から精液を採取して処理し、その精液を発情した（排卵直前の）雌の生殖器内へ注入して妊娠させる技術である。我々人類に動物性の食料や産物を効率よく提供する畜産における家畜繁殖の基本技術として、非常に広く適用されている。

我々人類が最初に、動物の人工授精に成功したのはなんと二百年以上も前のイタリアで、スパランツァーニがイヌの精液を採取し、それを雌イヌに注入して三匹の子イヌを誕生させている（Spallanzani, 1781）。この時すでに、精液中に精子が発見されて約百年の歳月が経過している。そして、さらに百年の歳月を重ねた後の二十世紀になってやっと、ウマやウシなどの家畜の人工授精技術が研究開発され、急速に畜産の生産現場、特に酪農で普及していった。

この人工授精が最も応用されているのは乳用牛であるホルスタイン種のウシである。この人工授精によって酪農の生産現場から大きな雄ウシが姿を消した。酪農とは主にウシを飼育して乳製品を生産する産業で、畜産のひとつである。ミルクを生産するためには雌のウシやヤギを妊娠させて、こどもを生ませ、本来その子を育てるために出るミルクを人間が頂戴するわけである。この人工授精が開発され応用される前までは、酪農の現場、すなわち農場では、雌ウシを妊娠させるための交配用の雄としての種牛が必要であった。雄ウシの体格は非常に大きく、一トンを超えるウシも多く、その飼養管理には大変な労力やコストがかかるばかりか、ウシを管理する人に対する危険もともなっていた。さらに、その雄ウシの娘達がミルクを生産する能力が高くなければならない。そのために農場は、その能力が高い種雄との交配を求めていかなければならなかった。ウシの人工授精は、このような酪農の生産様式を大きく変革させたのである。

酪農での人工授精の適用により、ミルクの生産農場では、種雄を飼育したり、その能力を育種改良したりする必要はなくなり、人工授精協会や行政などのセンターの設立により、そこでシステマチックに生産能力の高い子ウシが生まれるエリートを選抜して、そのエリート雄ウシから採取した人工授精用の精液を生産農場へ配布するようになり、ホルスタイン種の育種改良が大きく進んだ。一頭の種雄牛から人間が採取した精液は、特殊な液で希釈すると数百回分以上の人工授精に使えることから、雄ウシを飼育する大変な労力、コストおよび雄ウシの管理に対する危険が低減でき、さらに家畜としての生産能力の改良に大いに貢献した。

そして、この人工授精にさらなる技術革新がおきた。一九四九年に英国ケンブリッジ大学のポルジ博士によって、ニワトリ精子をグリセリンを含む保存液に入れて液体窒素中で凍結保存すると、その凍結精子は融解後も運動性を示すことが明らかにされた（Polge et al., 1949）。その後の研究により、このように凍結融解したウシの精子は受精する能力を保持することも明らかになった。

そして、この精子の凍結保存技術が開発された数年後には、ウシの生産現場で応用されるようになり、この精液の凍結保存技術は、ウシの生産システムにとてもよく適合し、ウシ人工授精の技術を急激に発展させたのである。後に、このポルジ博士の研究は高い評価を受け、「家畜における精液及び胚の凍結保存技術の開発」というタイトルで第八回ジャパンプライズ（日本国際賞一九九二）を受賞している。

この精液凍結保存技術と人工授精技術によって、精液を供給する種雄牛の遺伝的な能力をより正確に、しかも多数の雌ウシに人工授精することが可能なことから、あまり時間をかけずにその種雄牛を評価することができるようになった。そして、より生産能力の高い一頭の優秀な雄ウシから多数の子孫を残すことが可能となった。さらに、雌ウシが発情し、人工授精に適した時に、凍結精液を融解して授精（精液を注入すること）でき、生産現場での受胎率が改善された。さらに、自然交配で蔓延した伝染性の病気も減らすことができた。このように優秀な種雄ウシの凍結精液は国境を超えて広範囲に、その効果を発揮するようになり、酪農の生産性を大きく向上させたのである。

日本では、一九五〇年代には凍結していない液状精液での人工授精の普及率が九割を超えていたが、一九七〇年代には凍結精液による人工授精の普及率が九割を超えた。この人工授精技術の普及によって乳牛の改良は大きく進んで、現在では、乳牛の乳量生産能力は、凍結精液の開発前の三倍以上となっている。通常、一頭あたりの乳牛の生産量は分娩後三〇五日間の量（kg）で示されるが、これが約一〇、〇〇〇kgとなったのである。また、肉牛の育種改良も飛躍的に進んだ。この精液凍結保存技術を含めたウシ人工授精は、全世界の酪農・養牛産業で広く応用され、私達の「食」を支えているのだ。

現在では、ウシ人工授精技術はさらに進化している。なんと人工授精で誕生する子ウシの性別を制御できるのである。すなわち、人工授精によって得られる子ウシの性を生み分けることが可能である。哺乳類のこどもの性は、精子の性染色体によって決まる。精子の性染色体がXであれば、その精子が卵と受精した後、雌の個体へ発生する。一方、性染色体がYであれば、その精子由来の子ウシは雄となる。この性染色体のXとYの間にはわずかなDNA含有量の違いが存在する。この違いを瞬時に判定して、ひとつひとつの精子（正確にはひとつの精子を含む少量の液）に対して電荷させて、電気的に分別する精密機器による細胞の判別システムによって、ひとつひとつの精子の運動性や受精能を損なわずに、X染色体を有する精子とY染色体を有する精子とに分別することができるのである（図1参照）。このようにして分別した精液を人工授精すれば九〇%く

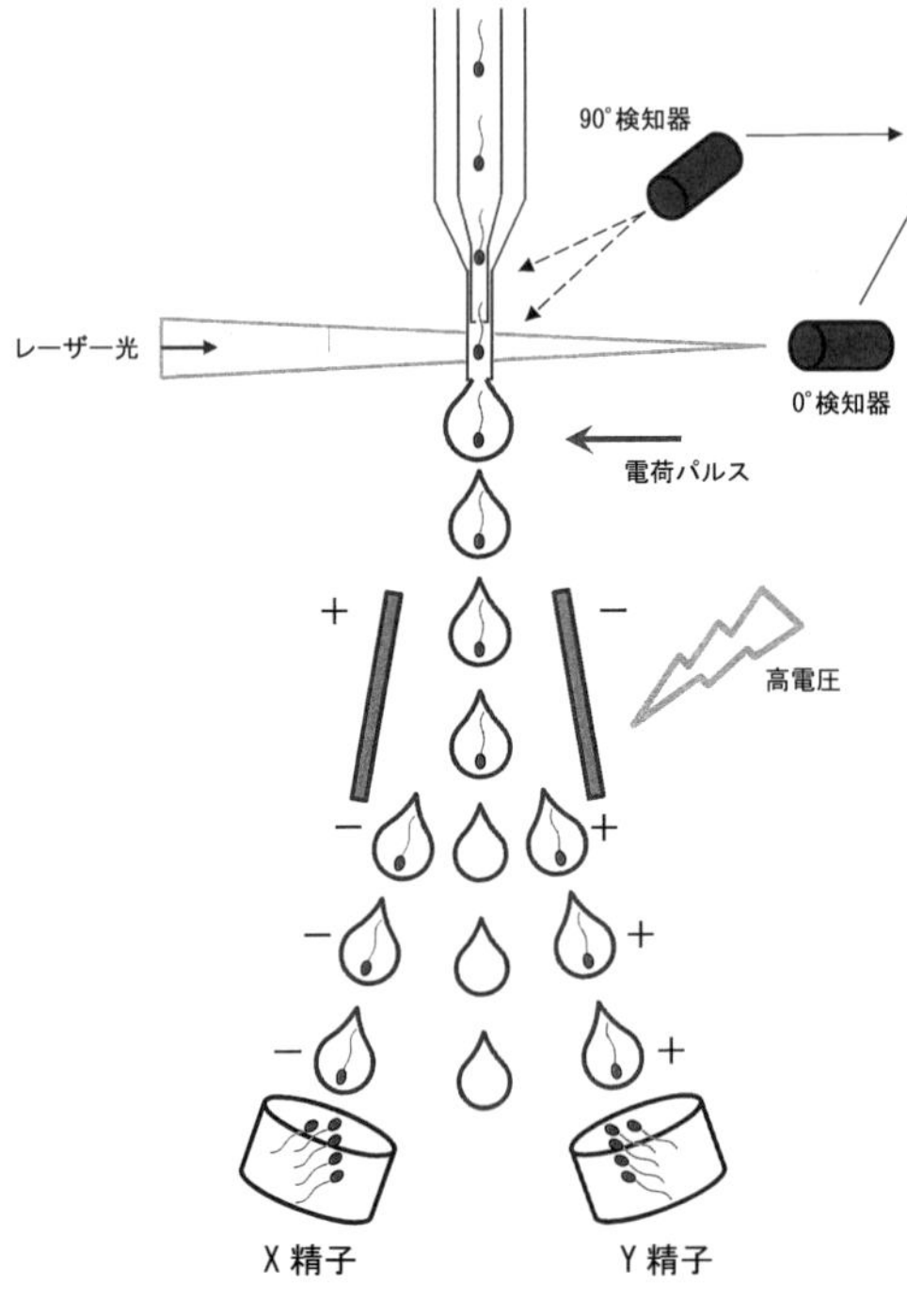

図1　X精子およびY精子の選別

らいの確率で子ウシの性を産み分けることができる。酪農生産の主役は、当然のことではあるが雌ウシであり、酪農家は雌子ウシの誕生を望んでおり、この技術はそうした酪農家の期待に応えることを可能にした。このように精子の性を分別した性判別精液がすでに販売されており、酪農の生産効率の改善に貢献している。

その一方で、人為的にいのちの始まりの受精を担うウシの人工授精とは対照的に、競争馬であるサラブレッドの生産、すなわち繁殖においては、人工授精は、日本ではまったく適用されていない。この事実は、ウマの人工授精が、技術的には二〇世紀前半に確立されていることを考えると意外なことである。

競争馬の主な品種はサラブレッドで、その血統はよくわかっており、レース用に改良されたサラブレッドは、人類が作り出した特別な動物である。このように人間の娯楽のために作り出された家畜であるにもかかわらず、その生産において人工授精は、日本では認められていない。自然交配、すなわち種牡馬の種付けによる方法以外は、その生産手段として認められていない。交配させる種牡馬は、多くのレースを勝った優秀な競争馬であったものが多く、一回の種付け（交配）料金は非常に高価で、「ディープインパクト」のように一千万円にもなる種牡馬もいる。ウマは季節繁殖動物であり、春に繁殖の季節を迎える動物である。すなわち、日照時間が長くなる刺激によって繁殖シーズンを迎える。競走馬は、妊娠期間が約一年弱（約三三〇日間）なので、春に交配して翌年の春に子ウマが誕生する。これはウマが草食獣であり、長い時を経て生態系に適応した進化の賜物である。

日本ではサラブレッドの多くが北海道の日高地方で生産されている。競争馬のレースはウマの誕生した年ごとのウマどうしで競われることが多い。代表的な競争馬のレースであるダービーは、三歳馬（人では二十歳に相当する。日本では二〇〇〇年までは馬齢は数え歳で表示していたので旧馬齢では四歳馬ということになる）どうしで競われる。すなわち、レースはその馬の運動能力が主な要因であるから、早く誕生した馬が有利となる。したがって、その繁殖季節の早い時期、すなわち早春に種付けすれば、早く誕生（分娩）を迎えるわけである。このような理由から、サラブレッドの生産者は種付けをする雌ウマの光線を管理（日照時間が長くなるように）するなどの工夫を凝らしてより早春に種付けできるようにしているが、人工授精は認めないのがルールだ。その背景には、競争馬を生産する人々の競走馬に対する深い造詣とプライドが存在するからではないだろうか。もちろん、経済的に種牡馬の種付け料という点も重要な要因ではあるが、私はそこに競争馬を作る生産者の深くて強い精神を感じるのである。しかし、私のような動物の生殖科学者の視点からすると、ここに人工授精の弱点がみえる。具体的には、注入する精液が申告どおりの種牡馬の精液かどうかがわかりにくく、はっきり言い切れば、注入する精液に不正やごまかしが簡単におこりえる点である。

さらに人工授精関連のことを述べたい。ここまで紹介した「人工授精」を「人為的もしくは人工的に精子や卵子（生物学的には卵母細胞）を接触させて受精させること」と解釈する人が多い。これは生殖科学の専門家の立場からすると明らかに間違いである。「人工授精」と「人工受精」が同じ発音であることから混同されてしまうのはいたしかたないが、前述したように「人工授精」とは、あくまでも人間が雄の動物から精液を採取し、処理して、発情した雌の生殖器（生殖器道）へ人為的に注入し、その雌を妊娠させ、その子を誕生させようとする技術である。先人が「人工授精」を造語し、このように定義したのである。動物を人類の福祉のために応用する「動物応用科学」（従来の学問区分では畜産学・獣医学ということになる）は、自然科学の一分野で、生命科学を基礎とし、それを人類の福祉へ応用する科学である。自然科学においては、その語句を正確に用いることが大前提にある。語句の意味が定まらないと議論ができない。この「人工授精」、特に「精を授ける」という語句は、私からみるとその技術を実に正確に表現したものであり、改めて感嘆するばかりである。

二　体外受精

体外受精とは、体外に取り出した卵（卵母細胞）と精子を適切な条件で一緒に培養した場合におきる受精のことである。もちろん体外で受精させた受精卵は、体外で培養され、適切な時期に、適切な生殖器内へ移植されてはじめて個体へ発育する。

この体外受精も、その歴史は比較的古い。哺乳類での最初の体外受精の成功例は、半世紀も前にウサギで報告されている（Chang, 1959）。その後、実験動物のマウスを中心に研究が進展し、一九七八年にはヒトではじめて体外受精による女児の誕生が報告された（Steptoe & Edwards, 1978）。ヒト体外受精技術は不妊治療の切り札として注目され、現在では非常に多くのこども達が体外受精を介して誕生している。特に日本においては、あまり知られていないが、小学校の一つのクラスに一人くらいの割合（三十二人に一人の割合）で、そのいのちの始まりが体外受精による児童がいる。このヒト不妊治療における体外受精の功績が認められ、二〇一〇年度ノーベル生理学・医学賞が英国ケンブリッジ大学名誉教授のエドワーズ（Edwards）博士に授与された。博士は、エジンバラ大学のアニマルサイエンス（動物応用科学／畜産学）の出身者である。この朗報は、私達、動物の生殖にかかわる研究者にとっても大変な喜びであった。特に、生殖生物学、体外受精に関する研究領域では、多くの日本人研究者がこの分野の研究の進展に大きく貢献しており、日本の「ヒト不妊治療」は世界をリードしている。また、この研究領域では、実際に不妊治療を実践する臨床医と動物の生殖科学にかかわる基礎研究者の交流が盛んである。いくつもの関連の学会、研究会、学術集会が頻繁に開催され、この分野の臨床医と基礎研究者が共通の研究課題について盛んに議論している。さらに、日本卵子学会が「生殖補助医療胚培養士」という資格を認定している。そして大学などで動物生殖科学を学んだ学生がヒト不妊治療の臨床現場で、主に生殖細胞や胚を体外で扱う技術者として活躍している。このように、臨床医学と基礎科学が密接に協力している医療領域は珍しいのではないだろうか。二十一世紀は生命科学の時代といわれており、この分野は基礎と応用をうまく融合させることによって人類の福祉につながった一つの成功例であろう。

ウシの産業には、酪農と牛肉を生産する養牛産業がある。では、ウシの産業では、この体外受精はどのように応用されているのであろうか。日本では「霜降り肉」で有名な小型の和牛がいる。もともと和牛は、使役用、すなわち主に田んぼや畑を耕すための使役家畜であったが、明治時代以降、外国産のブラウンスイス種、シンメンタール種などの品種と交配して肉用牛として育種改良してきた。和牛には四品種（黒毛和種、褐毛和種、日本短角種、無角和種）が存在するが、その代表格が黒毛和種という品種で、その肉には「サシ」とよばれ、筋繊維の間に脂肪の交雑が認められ、大変柔らかくて味や香りが豊かなもので、一般的に高価である。おそらく、この黒毛和種の筋肉内に脂肪が蓄積する形質は、日本の農村で飢饉などの厳しい環境の歴史のなかで育まれたのではないかと考えられている。

ウシの代表的な生殖補助技術は前述した人工授精であるが、もう一つの基幹技術として、胚移植がある。これは「受精卵移植」や「人工妊娠」ともよばれており、受精から着床前までの初期胚を雌ウシの子宮内へ移植して妊娠させる技術である。この技術は和牛の増産技術として応用されている。すなわち、体外受精によって体外で和牛の胚を生産し、この和牛の体外受精胚を乳牛、すなわちホルスタイン種の雌へ移植する技術である。この胚移植により、ホルスタイン種の雌ウシを妊娠させ、和牛の子ウシを誕生させる。一般的に哺乳類の雌における最初の分娩はそのリスクが高いことから、大型のホルスタイン種が小型の和牛を分娩すれば、この分娩のリスクが低減されるわけである。乳牛は子ウシを分娩して本来のミルクの生産を開始し、誕生した和牛の子ウシは肉用牛の素牛として高い価格で取引されるのである。

雌の和牛の肥育が終わって、食肉とするために食肉処理場で屠《と》殺される際、その臓器である卵巣から卵の採取が可能である。雌牛の卵巣の中には非常に多くの未成熟な卵が存在する。この卵を人為的に採取して、体外で適切に培養すると受精能力を持つ成熟卵にすることが可能である。このような卵の培養技術を「卵の体外成熟」といい、このように体外で作った成熟卵を用いて体外受精を実施することができる。そして、この体外受精によって作られた受精卵を人為的に体外で培養すると発生する。この培養技術を「胚の体外培養」という。これら一連のウシの未成熟卵から人為的に体外で胚を作るシステムを「胚の体外生産」とよぶ。この和牛における「胚の体外生産」、すなわち人為的な胚の生産システムの利点は、採取する卵の遺伝的形質、すなわち筋肉内へのサシ（脂肪）の入り具合やロースの大きさなどが判定できることから、体外受精に用いる精子の遺伝的形質を配慮し、選択して、より良質な肉質を期待できる和牛の素となる胚を作ることができる点にある。

このように、和牛における胚の体外生産システムは、ミルクの生産と良質な牛肉生産の一石二鳥をもくろんだ生産システムで、その中心的な技術が体外受精ということになる。さらに、このシステムを効率よく応用するために、このように人為的に体外で生産したウシ胚を液体窒素中の超低温で保存することにより、この生産システムが柔軟に適用できるようになっている。

動物の応用には、家畜による食料生産以外のものもある。ラボで飼育されている実験動物がその代表である。実験動物は研究のために飼育されている。その研究の目的はさまざまではあるが、多くは医学・医療、生命科学あるいは農学に関係し、医薬品や化学薬品の開発や安全性の確認、生命科学の探求、あるいは食料生産の研究などに用いられるのである。私たち人類の健康、福祉や豊かな生活のために、多くの化学物質を評価する目的で、様々な物質を実験動物に投与したり処置したりして、その反応を調べる。すなわちその物質の安全性が調べられている。これをヒトでおこなうことはできないことから、人類に代わって、実験動物にこの役割を担ってもらっているのである。実験動物の主役はマウスやラットであるが、最近ではブタも実験動物として用いられており、内視鏡などの医療機器の手技、あるいは心臓手術の練習台としても活用され、私達の医療にも貢献している。

さらに、先端的な生命科学や医療では、さまざまな生命現象、疾病やその治療法に対する遺伝子レベルでの解析がなされている。個体レベルでの特定遺伝子の機能を解明することは、生命科学では非常に有効な解析法であるが、このような特定遺伝子の機能の解析には、特定遺伝子の機能を欠損させたような特別なマウスやラット等の実験動物を人為的に作り出す必要がある。そのためには、対象となる実験動物の受精卵や初期胚を体外で人為的に操作することによって、その特別なマウスやラットを作り出しているのである。その材料を効率よく供給する手段として体外受精も採用されることがある。

同じ実験動物であるマウスとラットは、その体のサイズには大きな違いがあるが、その外貌はほぼ同じで、一般の人でこの見分けがつく人は多くはないであろう。しかし、この生物学的に近縁な種とはいえども、マウスとラットの体外受精のシステムの完成度には大きな開きがあり、マウスにおける体外受精は非常に完成度が高いのに対して、ラットの体外受精はまだ、研究段階である。これまで、哺乳類の体外受精に関する研究は、主にマウスでおこなわれてきたが、動物種によってその手法は大きく異なるのである。哺乳類における体外受精の技術は、そのニーズが高いマウスやウシなどでその研究開発がなされてきた。その基本は、生体内での受精の状態を模倣することである。しかし、いまだに生体内の受精の条件と体外受精の条件は大きく異なるのである。図2に「体外受精」と「体内での受精」との違いをまとめた。その一つは、受精の場に存在する精子の数である。体外受精における卵(卵母細胞)の周辺に存在する精子の数は、生体内よりも一〇〇〇～一〇、〇〇〇倍の数が最適である。二つめの違いは、卵(卵母細胞)の周辺に存在する卵丘細胞の存在である。哺乳類における生体内で受精のおきる場は卵管の膨大部である。ウシでは卵管膨大部での卵の周辺の卵丘細胞は、そのほとんどが卵から剥離されているが、体外受精では卵丘細胞を剥離すると受精率やその後の発生率が低下してしまう。このように、いまだに体外受精の条件や環境は、体内の受精の場である卵管膨大部の条件や環境と大きく違っている。

ここまで述べてきた「体外受精」を家畜や実

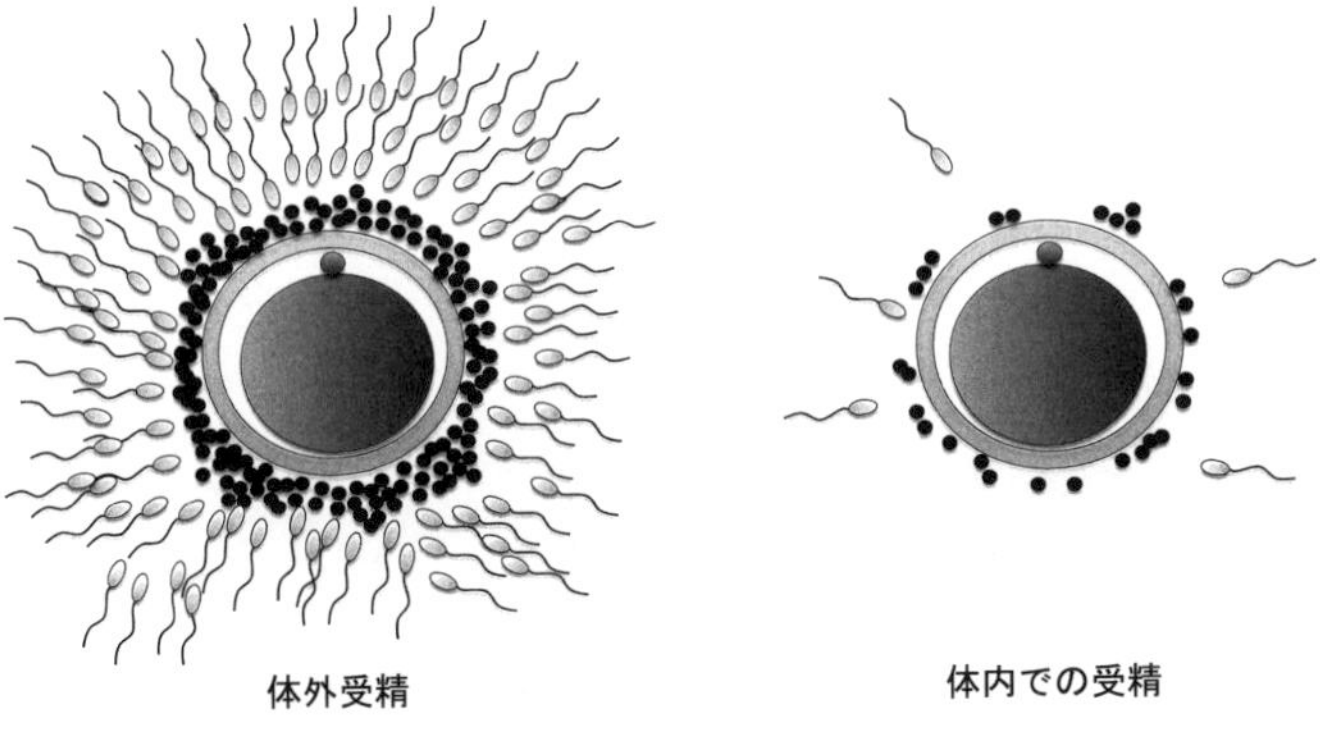

図2　哺乳類における「体外受精」と「体内での受精」の違い

体外受精（左）と体内での受精（右）では、卵周辺の卵丘細胞および精子の数に違いがある験動物、あるいはヒトの不妊治療へ応用することによって私達人類は、多大なる恩恵を受けているのではあるが、技術的には、体外受精は体内の現象を正確に再現できているわけではないのが現実である。

三　顕微授精

顕微授精とは、学術的には卵（直径約〇・一ミリメートルの球形の細胞）に対して顕微鏡下で人為的操作を加えることによって受精させることである。具体的には顕微鏡下で精子を微細ガラス管に吸入して、卵（卵母細胞）の囲卵腔や細胞質内へ注入して生じる受精のことである（図3参照）。もちろん、この技術もラボでの人為的操作をともなういのちの始まりである。特に最近では、図3に示すように精子を卵細胞質内へ直接注入する「卵細胞質内精子注入」が広く適用されている。この技術は、人為的に精子を選択する点で、前述した「人工授精」や「体外受精」とは大きく異なるものである。また、この「卵細胞質内精子注入」法は、運動性を示さない精子であっても受精を成立させることが可能であることから、ヒトの不妊治療や貴重な動物の遺伝資源バンクで凍結保存された精子などに適用されている。後者の動物遺伝資源バンクでは、通常、貴重な動物の精子が凍結保存されているのだが、保存後に精子から個体を復元する際、保存精子が動かない（運動性を示さない）場合には「人工授精」や「体外受精」が適用できない。しかし、この「卵細胞質内精子注入」法を適用すれば、この動かない精子由来の受精卵の作出が可能となり、「卵細胞質内精子注入」法によって作った受精卵や初期胚を仮親へ胚移植することによって、遺伝資源バンクに保存されていた動物資源を復元させて活用することができるのである。また、この貴重な動物としてバンクされる動物は、主にマウス、ラット、ウサギなどの医学研究のためのヒト疾病のモデルの動物である。がん、高血圧、糖尿病、心臓病、てんかんなど、さまざまな疾病を頻発する動物なのである。このようなモデル動物には精液中の精子の運動性が低かったり、その数が少なかったりする動物が存在する。

このような場合にも「卵細胞質内精子注入」法を適用すれば、貴重な動物を復元することができるのである。もともとこの技術は、受精現象の解明のための研

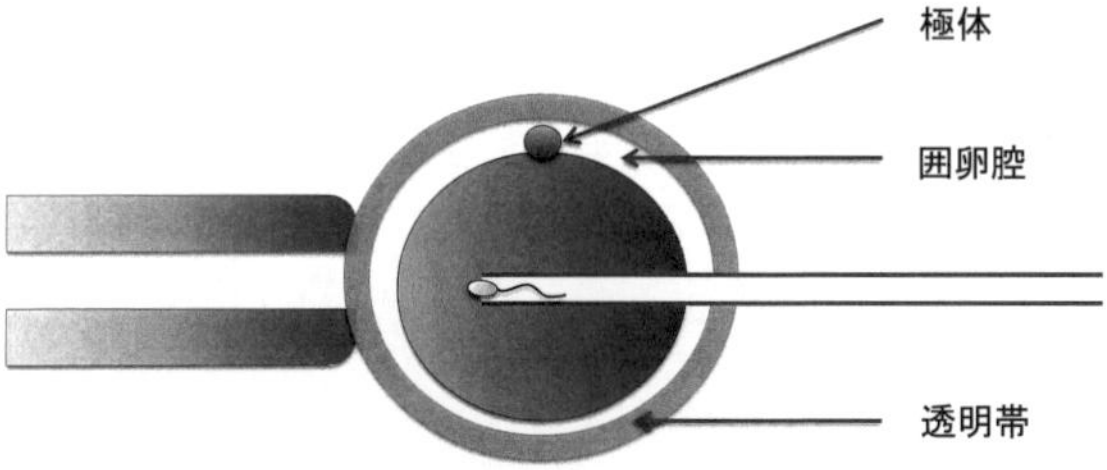

図3　卵細胞質内精子注入

顕微鏡下で人為的操作によって受精させる顕微授精の1つで、ICSI(intracytoplasmic sperm injection)ともよばれる。
微細ガラス管の中に精子を吸引して、このガラス管を卵細胞質内へ精子を注入して「受精」させる。

究手段として日本人によって開発されたが、実験動物での成功例が報告された後に、ヒトの不妊治療へも応用されるようになり、精子濃度の低い「乏精子症」、精子の動きが悪い「精子無力症」などに適用されている。

さらには、雄性配偶子である精子の形成ができない動物は不妊となる。しかし、そのような不妊の雄の精巣内の精細管（この管の中で精子が作られる）には、減数分裂（染色体数が半減する特別な細胞分裂）が終了した精子細胞が存在することがある。通常、精子はこの減数分裂を終了した精子細胞が動物種ごとに固有な形態の変化をおこして精子となるのである。このように精子細胞が精子へとその形態を変化させる（専門用語では「変態」という）ことができない雄から、その精子細胞を採取して、そして、その精子細胞を「卵細胞質内精子注入」技術によって、卵へ精子のかわりに注入して受精卵を作出し、その胚移植により、その子を誕生させることも可能となっている。このように「卵細胞質内精子注入」技術は、貴重な動物の繁殖技術として応用されている。そして、この不妊の動物と同様なヒト男性不妊の治療にも適用されることがある。このような精子細胞が精子へ変態しないことによる精子形成不全の患者さんには、麻酔下で手術によって精巣内の変態前の精子細胞を採取することがある。このような精子細胞の採取は患者さんにとって負担となることから、治療を効率的におこなうため、このように採取した精子細胞を液体窒素中で超低温保存することがある。

四　体細胞クローン

体細胞クローンもまた人為的操作によるいのちの始まりの一つである。通常の個体発生のスタート、すなわち、いのちの始まりは、配偶子（卵と精子）どうしの合体の過程である受精から始まる。しかし、哺乳類でもこの経路を介さないクローン個体を発生させることが可能である。その手順は図4に示すとおりである。まず、卵の細胞質内に存在する雌側のゲノム（遺伝子）を顕微鏡下でガラス微細管などを用いて取り除き（除核という）、ゲノムを含まない卵の細胞質を作る。そして、その卵細胞質内へ分化した細胞の核（体細胞核）を導入（核移植）する。すると、この導入された核が

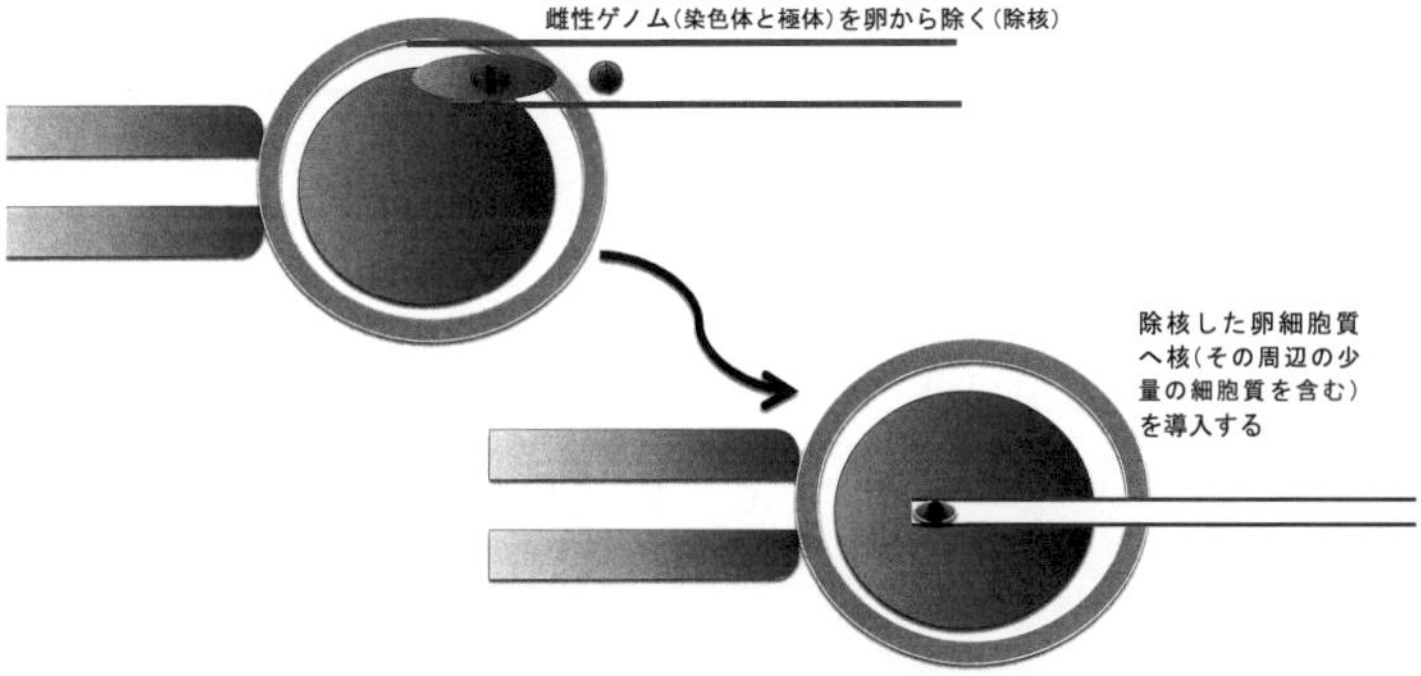

図4　顕微鏡下での核移植による再構築胚の作製

左上：顕微鏡下で卵のゲノム（遺伝子）が含まれる紡錘体（極体直下に存在する）および極体をガラス管で吸引等して除く。この操作を除核という。
右上：除核した卵の細胞質へ体細胞の核（その周辺には少量の細胞質が存在する）を導入して再構築胚を作製する。この再構築胚を活性化処置（電気的刺激等）すると初期発生し、低率ではあるが個体（クローン）へ発生する。

初期化（リプログラミング）され、卵細胞質が発生を開始し、個体へと発育したものが体細胞クローン個体である。

ではなぜ、この体細胞クローンを作るのであろうか。この技術の主な目的は、効率的に遺伝子改変動物、特に、特定の遺伝子機能を喪失させた遺伝子組換え動物を作る方法を提供することにある。このような動物を、特定の遺伝子機能を欠損させたという意味で「ノックアウト動物」という。この「ノックアウト動物」を作る方法は、最近まで、マウスのＥＳ細胞（胚性幹細胞、**embryonic stem cells**）を用いた方法しか存在しなかった。このＥＳ細胞を介して「ノックアウト動物」を作る方法を簡単に説明したい。まず、ＥＳ細胞のゲノムを操作して特定遺伝子が機能しないＥＳ細胞を作って選抜し、増殖させる（株化させる）。そして、そのＥＳ細胞を初期胚と顕微鏡下で人為的に集合させた（細胞同士を寄せ集めてくっつける）キメラ胚を作る。このキメラ胚を仮親へ胚移植すると、そのキメラ胚で、そのＥＳ細胞が体の一部へ分化してキメラマウスとなる。このキメラマウスの配偶子、すなわち「くっつけた」ＥＳ細胞から精子や卵へも分化することができる。そして、このキメラマウスからの子孫を作るとその特定遺伝子が機能しないＥＳ細胞由来のマウスが誕生することになる。つい最近、ラットでもこのＥＳ細胞を介したノックアウト動物の成功例が報告された。しかし、マウスやラット以外の動物種のＥＳ細胞株の樹立をめざしてこれまで非常に多くの研究者が挑戦したが、二〇年以上の時間を費やしてもその開発ができきなかったのである。したがって「遺伝子ノックアウト動物」は、主にマウスでしか作出できなかった。さらに、この作出工程は、非常に煩雑であり、長い時間を要する。そこで、ＥＳ細胞ではなく、簡単に体外で培養ができる体細胞のゲノムに対して特定遺伝子が機能しないような処置を施し、そのような細胞を選抜する。そして、その細胞の核を用いて、体細胞核移植、すなわち核を除いた卵の細胞質へその細胞核を導入（核移植）して発生させる。このようにして作出した体細胞クローン個体は、目的の特定遺伝子が機能しないゲノムを持つ個体ということになる。このような「遺伝子ノックアウト動物」という特別な動物をマウス以外の動物種で効率的に作り出すために、「核移植」による体細胞クローン技術が利用されたのである。その背景には遺伝子工学や先端医療の発展にともない、マウス以外の動物でこの「遺伝子ノックアウト動物」を作って利用したいという要求が高まっている背景がある。例えば、病気の原因遺伝子の探索やヒト臓器移植医療における臓器提供不足を補う目的で、ブタでヒト用の臓器をまかなおうとする医療目的のニーズである。マウス以外の動物において、この「遺伝子ノックアウト動物」を作る手法として、核移植による「体細胞クローン」の作出法の研究開発が取り組まれたのだ。

さらに、哺乳類の体細胞クローンの作出によって、分化した体細胞が初期化して個体発生することが明らかになった。すなわち、体細胞であっても初期化処置によって、さまざまな細胞へ分化する能力を獲得することが明らかになった。すでに、両生類のカエルではこの現象は明らかにされていたが、哺乳類でこの現象が確認されたことから、治療が難しいとされてきた脊髄損傷などに対する「再生医療」への応用の道が大きく開けた。それまでの再生医療における治療に用いる細胞は、不妊治療などで生じた余剰のヒト初期胚に由来する細胞であった。もちろんヒトの初期胚であるから、これはヒトのいのちの萌芽である。それをバラバラにして治療用の細胞にするところに倫理問題が生じ、大きな議論を巻きおこした。そして、この倫理問題を解決しようとさまざまな研究開発がおこなわれ、その手法のひとつが上述した「核移植」による細胞の初期化による未分化な細胞株の作出であったが、ヒトの卵の細胞質に分化した細胞の核を導入するとヒトクローン胚を作出することになり、ヒトでクローン胚を作出していいのかという新たな倫理問題も生じたのである。

哺乳類で最初のクローンヒツジ「ドリー」の誕生は、日本でも非常に衝撃的に報道され、大きな話題になった。クローン人間の誕生も可能なのではないのか、といったことまでも議論された。そして二〇〇〇年に、日本でもヒトクローン胚の作出は法律によって禁止された。この法律は「特定の人と同一の遺伝子構造を有する人」、すなわちクローン人間を作り出すことを禁止している。その理由は、「クローン人間」の作出により人間の尊厳の保持、人間の生命および身体の安全の確保ならびに社会秩序の維持、人間の尊厳の保持等に重大な影響を与える可能性があるからとしている。では、クローン人間を誕生させることがなぜ「人間の尊厳の保持等に重大な影響をあたえる可能性がある」のであろうか。著者自身もこの問いに明確に答えることができない。ただ、通常の生殖では、当然のことながら、こどもには父親と母親が存在し、そして母親が分娩してこどもが誕生する。しかし、体細胞クローンは仮親からは分娩されるが、卵の細胞質に体細胞の核が導入され、その卵が個体へ発育したものであるから、母親と父親は存在しない。このように考えると、両親が明確でないことが、体細胞クローンがいのちの畏敬、尊厳に反することにあたるということなのではないだろうか。また、この法律では、ヒトと動物の細胞を集合させた交雑個体の生成も禁止している。この法的な規制が、法律施行後に開発されノーベル生理学・医学賞を受賞したｉＰＳ細胞（人工多能性細胞、induced pluripotent stem cells）から臓器を作ろうとする試みに大きな障壁となっていたが、この分野での研究が進み、ヒトｉＰＳ細胞からの臓器を作る目的でヒトとブタのキメラ胚の移植試験が許可されるようになっている。次に、話を再生医療に用いる未分化な細胞に戻そう。

二〇一二年、日本の山中伸弥博士（京都大学）がノーベル生理学・医学賞を受賞し、世界中で大きな話題になったが、その研究は実はこの体細胞クローンの研究と非常に深く関連するものである。このノーベル生理学・医学賞は、正確にはイギリスのガードン（Gurdon）博士と山中博士に授与されたものである。ガードン博士の研究は、分化した体細胞を未分化な細胞へリプログラミング（初期化）させる方法のひとつとして、卵細胞質へ分化した核を移植する方法をカエルで示した。そして、もうひとつの別の方法が、山中博士が発見したリプログラミングに関連した遺伝子群を体細胞へ導入し、万能細胞であるiPS細胞を作出する方法である。この人工多能性細胞とは受精卵や初期胚と同じようにさまざまな細胞へ分化しうる細胞であり、この細胞が再生医療の治療細胞になりうる可能性が大きいことから、その応用面が非常に期待されているのである。

この研究の意義は、細胞の分化の状態を遺伝子レベルでコントロールしたことにある。すなわち、受精卵・初期胚・卵やクローン胚を材料としなくても未分化な細胞を作れることを意味しているのである。このiPS細胞作出の成功によって、臓器や細胞の機能が不全となってしまった病気を治療しうる「再生医療」が大きく進展したのである。それまでの再生医療では、不妊治療に使われなかったヒト余剰胚、すなわちヒトのいのちの萌芽である胚をバラバラにして未分化な細胞株、すなわちES細胞株を作って利用しようとしたことから、このような研究開発には生命倫理の観点から問題があった。さらに韓国ソウル大学獣医学部で、ヒトの核移植胚からES細胞を作出したとする論文の捏造問題もおき、この研究グループの教授のもとで働く女性から研究に用いた卵を採取したことなどの問題も指摘された。

山中教授はこのような倫理問題を克服する目的で、体細胞を未分化な万能細胞にするiPS細胞の作出法の開発に成功した。そして、現在ではiPS細胞を臨床応用することを目的とした応用研究が進展し、ｉＰＳ細胞から「パーキンソン病」や「加齢黄斑変性症」という病気の治療用の細胞が作り出され、その臨床応用研究もスタートしている。

このように体細胞クローンに関連した未分化細胞の再生医療への応用は、ますます発展していくものと考えられるが、その一方で、未分化な細胞のより科学的な定義や理解を深めていくことが非常に重要である。それは、その未分化細胞の医療などへの応用に、特に安全面で大きく貢献するからである。

五　精子、卵および胚の超低温保存

「はじめに」で述べたように、常識では考えられない「個体の死後にもその個体のこどもが誕生することもある」というのは、この生殖に関する細胞（精子、卵や初期胚）を超低温で保存し、その代謝を完全に停止させて生物学的な時間を完全に止めてしまう技術によるものである。これはまさにタイムマシーンである。現代人は、さまざまな科学技術の恩恵をうけ、幸福で健康で豊かな生活を手に入れてきたが、その英知をもってしてもいまだに時間を制御するタイムマシーンは作られていない。唯一、この細胞の超低温保存だけが、生物学的な「時間を止める」ことができるものである。これによって我々人類は、家畜による食料生産の効率を非常に高めている。また、さまざまな疾患モデルである実験動物の遺伝資源を効率的に保存しているのである。さらには、ヒトの不妊治療にも適用されているのだ。

乳牛の改良は、従来は精子の凍結保存をベースに雄ウシ（種雄牛）側からおこなわれ、乳牛の改良に大きく貢献してきたことは前述した。そして現在では、雌ウシに対して外因性の性腺刺激ホルモンを投与して、多くの卵を排卵させて優良な種雄牛の精液を人工授精し、多くの胚を採取する。そしてこの胚を超低温保存した後に、仮親へ胚移植して、多くの子ウシを生産することによって、雌側からの改良も図っている。

ヒト不妊治療の初期段階では、排卵日がわかるように基礎体温などを記録し、不妊患者さんの排卵日を明確にして、この時期に性交渉を合わせるような「タイミング療法」がおこなわれる。このような療法で妊娠しない場合、体外受精や顕微授精などの生殖補助医療技術が適用される。これらの適用には、不妊患者さんのカップルから配偶子、すなわち男性からは精子を含む精液を、女性からは卵を採取することになる。これらの配偶子を用いて体外受精や顕微授精をおこなう。得られた配偶子や胚をその受精能力や発生能力を低下させることなく保存できれば、患者さんの負担を低減でき、その効率も改善させることが可能となる。その保存がまさしく「精子、卵および胚の超低温保存」なのである。この超低温とは液体窒素の温度であるマイナス一九六℃であり、液体窒素の入った真空ボンベの中で、代謝が完全に停止された細胞を保存するのである。

不妊治療を施す医療施設では射出精液を採取するための採精室（メンズルームともよばれている）が存在する。この部屋は鍵がかかり、男性患者がマスターベーションによって精液を採取する。ここではアダルト映像が鑑賞でき、その音声は漏れないようにヘッドホンを掛けるなどの工夫がなされている。男性患者さんにはこの様な環境でも、かなりの精神的な負担を感じる方が多い。さらに、精液検査により、精液中に正常な精子数が存在しない場合には、麻酔下で外科的手法により精巣や精巣上体を切開し、その中に存在する精子や精子細胞を採取することもある。このような精子採取に対する患者さんの負担を軽減するため、あるいは、採取した精子を効率的に不妊治療に用いるために、精子や精子細胞を凍結保存（超低温保存法の一つ）するのである。

一方、女性から卵を採取するのにはさらに重い負担がかかる。医師が超音波画像診断器のプローブ（注）を膣へ挿入し、卵巣の画像を観察しながら、卵が存在する卵巣中の卵胞を長い注射針を膣壁から刺して卵胞の液を採取する。そして、その液を実体顕微鏡で検査し、直径約〇・一ミリメートルの卵を回収する。本来、ヒトの排卵は一個である。すなわち、ひとつの大きな卵胞から一個の卵細胞が採取できる。しかし、患者さんの採卵負担を軽減するために、採卵する前に外因性の性腺刺激ホルモンを投与して、卵巣に多くの卵胞を発育させ、一回の採卵処置で多くの卵を採取することがおこなわれている。いずれにしても不妊治療のための採卵処置は、女性の患者さんに肉体的ならびに精神的にも大きな負担を強いることになる。そして、このように採取した卵は適切な条件下で精子とともに培養されるとシャーレの中で受精する。これが体外受精である。

この体外受精で精子と培養された卵は、発生培養液へ移され、インキュベーター内で発生させる。だが、このようにして受精した卵が胚となり体外で発生しても、そのまま赤ちゃんまで発育することは不可能なので、必ず適切な体内の子宮環境に移植され（戻され）、着床、胎盤形成をともなってはじめて胎児が発育し、出産に至るのである。多胎妊娠は母子および胎児に対するリスクが高いことから、子宮へ移植する胚の数は、原則的には一個である。では、移植に用いない胚、すなわち余剰胚は廃棄するのであろうか。もちろん、インフォームドコンセントは必要だが、通常、一回の胚移植で妊娠が成立する割合は低いことから、これらの余剰胚は超低温保存される。さらに、一般に多くの卵を排卵させるためにホルモンを投与された患者さんの排卵周期（性周期）では、排卵後の子宮の状態（子宮内膜）が良好ではないことがある。その場合には、体外受精や顕微授精で発生した胚は、患者さんの子宮環境が良好な性周期で移植されるまで超低温保存される。そして、患者さんの子宮の状態が良好な性周期で、超低温保存した胚を常温に戻し、胚移植する。このように胚移植に適した子宮内膜の状態で胚移植を実施することで、移植後の妊娠率が改善する。このように、胚の超低温保存技術によって不妊治療の効率がよくなるのである。

さらに、女性のがん患者さんにとって、がん治療後の生活の質の向上、すなわち、こどもを出産する可能性を維持する方法のひとつとして「卵の超低温保存」が認められている。以前は、ヒト生殖補助医療は夫婦間の不妊患者さんだけにその適用が認められていたが、未婚女性にがんが発病した場合、がん治療の抗がん剤や放射線治療により、その患者さんの卵巣機能が消失することが多い。また白血病では、造血幹細胞の移植治療により、その予後は良好であるが、その女性患者さんは化学療法や放射線療法の結果、その卵巣機能を失い、ほぼ全例が不妊となってしまう。こうしたことから、がん治療の前に患者さんの卵を超低温保存しておき、完治後にパートナーが現れてから、超低温保存した卵とパートナーの精子を用いて、体外受精もしくは顕微授精（卵細胞質内精子注入法）によって胚を作り、患者さん自身の子宮をホルモンにより子宮内膜を整えてから移植することによって、こどもを授かる可能性を維持することができるようになっている。

さらに最近では、高齢女性でもこどもを出産する手段として、「卵の超低温保存」が注目されている。一般に、女性が妊娠して分娩するのに適した年齢は二十代で、三十五歳を越えるとその能力が低下していき、四十五歳以上では妊娠する能力はほとんどなくなる。このような生物学的な女性の生殖寿命と現代女性のライフスタイルにはずれが生じており、三十五歳以上の女性がこどもを持ちたいという思いは非常に強いものがある。この思いを実現するための技術のひとつとして、若いうちに自分自身の卵を超低温保存しておき、将来の適切な時期に、生殖補助医療技術を介してこどもを授かる可能性を維持するという技術も開発されている。不妊治療の現場においては、卵や初期胚の超低温保存期間は、一年間の契約が原則のようであるが、患者さんの希望によって、その患者さんの生殖年齢、すなわち閉経時までの保存期間の延長が認められている。

また、男性の不妊では、精子がない男性患者さんに対しては第三者からの精子提供が認められており、ヒト精子バンクが存在して、そこからの凍結保存精子が治療に用いられる。では、女性の配偶子である卵の第三者からの提供はどうなのか。日本では、最近になって第三者の卵の提供が認められる方向が示された。この卵の第三者による提供が認められると、女性不妊患者さんの選択肢のひとつとなりうる。第三者による卵バンクを運営するのに必須な技術が、この「卵の超低温保存」である。

以上のようにヒト不妊治療においても、人為的な生殖への関与、生殖補助医療技術がいのちの誕生にかかわっている現実がある。ヒト不妊治療では医師や「胚培養士」（生殖補助医療胚培養士）が生殖関連細胞を選択したり、操作したりする。このような状況では、自然での生殖とは異なる状態がおきうる。したがって、ヒトの不妊治療や生殖補助医療技術をおこなう者は、真摯にかつ崇高な態度でこれにのぞまなければならない。一方で、不妊患者さんに対して、生殖補助医療技術が不自然であるとの理由で、不妊治療などの生殖補助医療を受ける権利を奪うことはできない。こどもを授かることを望む人たちは、その時点での最高の医療技術を駆使することを望んでいるのである。

我々人類が自らの生殖に自らの手をさしのべる場合、我々が配慮しなければいけないのは、生殖を人為的に制御して誕生したこどもの人権を第一に考えることである。誕生したこどもに対する差別や偏見があってはならないし、必要であれば適切なケアや両親を知る権利に配慮が払われるべきである。さらに、それに関連した人々、そのこどもの法律上の両親や生物学上の両親、第三者による配偶子や胚の提供者などの人々の間にトラブルが生じないようにする十分な配慮や社会のルールが必要であろう。具体的には、第三者による配偶子や胚の提供には、コーディネーターや弁護士などがその仲介者として提供者と利用者の間に立つなどのルールの整備が必要であろう。

まとめ

これまで人類は、科学技術を我々自身の福祉、幸福、健康のために応用してきた。そして、ある科学技術はすでに自然の現象を完全に超越しているものもある。また、その応用によって生ずる恩恵を享受しているが、それがどのような技術によってもたらされているのかを理解していないことが多い。ここで述べた、ラボから始まるいのちや人為的ないのちの始まりについて、我々はどのように考えるべきなのであろうか。

応用科学や技術には、当然のことではあるが、正の効果と負の効果の両面がある。しかし同時に、その両方の効果を比較しながら、操作や技術を選択して、多くの問題を解決していかなければならないだろう。一方で我々人類は、生命やその操作技術についてまだ十分に理解していないことがたくさんある。したがって、我々は真摯な態度でいのちの始まりについても向き合い、理解を深めていかなければならない。

ここではラボで始まるいのち、すなわち生殖に関連した技術のことを考えてきたが、食料生産のためには、近い将来に、このラボで始まるいのちに関連した技術が食料増産技術としてより活用しなければならない状況が来るであろう。いずれにしても我々人類は、地球における生態系の頂点にあることを常に考え、この地球上で他の生物や環境と共生しながら、さまざまな問題の解決に取り組まなければならない。ただし、これは大変複雑で奥の深いものであり、我々の英知を結集しなければ、その解決はない。

(注) プローブとは「探触子」ともよばれ、このプローブを患者さんへ直接接触させ、ここから超音波が発信され、そして発信した超音波が体内で反射し、その超音波を受信する重要な部分である。

文献

Chang, M.C. (1959) Fertilization of rabbit ova in vitro. *Nature* 184, 466-467.

Polge, C., Smith, A.U., Parkes, A.S. (1949) Revival of spermatozoa after vitrification and dehydration at low temperatures. *Nature* 164, 666.

Spallanzani,L. (1781) Fecondazione artifical d'una. Opusc. *Di Milan* 4 (Part IV), 279.

Edwards, R.G., Steptoe, P.C. (1978) Birth after the reimplantation of a human embryo. *Lancet* 312, 366.

第五章　あふれる野生動物との向き合い方――野生動物

羽澄　俊裕

長い歴史の中で、人間は地球上の自然環境を造りかえ、野生動物を乱獲し、多くの種を絶滅させてきた。日本でも、明治以後のわずか一〇〇年ほどの間に、カワウソ、オオカミ、トキといった野生動物が姿を消した。そのため、野生動物は人の影響を受けて減少している印象がある。ところが、二一世紀に入る頃からこの関係に大きな変化が生じている。都会生活を送る読者には、にわかに信じがたいかもしれないが、現代は、減少したはずの大型野生動物が急速に数を増やし、日本列島を席巻する勢いで分布を拡大する時代である。私は三〇年以上、野生動物の仕事に関わり、その変化を眺めてきたが、これほどの急速な回復を予想することができなかった。

ところで、二〇一〇年に名古屋で生物多様性条約の第一〇回締約国会議（ＣＯＰ一〇）が開催されたとき、「生物多様性のホット・スポット」という言葉が注目された。この言葉は、イギリスのノーマン・マイヤーズという保全生物学者が、自然環境保全の目標や優先順位を明確にするための基準として提唱したもので、「一五〇〇種以上の固有の植物種を有しながら、すでに原生植生の七〇％が失われており、保全の必要性の高い地域」のことを指す言葉である。このホット・スポットは二〇一三年現在で世界に三五ヵ所しかなく、地球上の陸地面積のわずか二・三％にすぎない。そんな狭い範囲に全世界の維管束植物の五〇％が生育し、四二％の陸上脊椎動物が生存しているという。そして、そのホット・スポットの一つに日本列島が丸ごと入っている（コンサーベーション・インターナショナル・ジャパンＨＰ www.conservation.org/global/japan/Pages/partnerlanding.aspx）。

日本列島は南北に長く大小三〇〇〇もの島々で成り立ち、急峻な地形と海流の影響を受けた複雑な気象条件によって多様な自然環境が形成されている。そんな環境の下で固有の動植物が数多く生き残ってきた。しかし、日本の、とくに近代以降の歴史を振りかえってみるなら、私たち日本人が、自然にやさしい生活をしてきたとは考えにくい。

縄文の古代から日本人は盛んに野生動物を捕獲して、肉を食用にし、骨、角、皮を日常生活の材料として利用してきた。森を切り開き、農地や茅場を作り、木を切り倒して薪や炭として利用し、地域によっては、製鉄、製塩、養蚕といった、火を使う産業によって大量の森林が消費されてきた。とはいえ、江戸時代の人口でさえようやく三〇〇〇万人ほどだったので、自然への影響はさほど深刻なものではなかったかもしれない。

ところが明治時代に入ると、毛皮の獲得のために盛んに野生動物が捕獲されるようになった。

その理由は、当時、欧米諸国で始まっていた戦争のために、軍需用の毛皮市場が高騰していたことによる。明治政府は絹とならんで毛皮を輸出して外貨を稼ごうとした。そして、日本も植民地戦争に参加するようになると、毛皮獣の需要はさらに高まり、捕獲はいっそう進んだ。また、相次ぐ戦争の時代を経たにも拘わらず人口は増加し続けたので、相対的に食糧が不足する時代を通して、タンパク源として、あるいは農業の害獣駆除の目的で、野生動物は盛んに捕獲されていたと考えられる。

一方、人口増加が進む中で、食糧増産のために農地が開拓された。人々の日常生活の燃料として森林は消費され、各地にはげ山が広がっていった。そればかりか、戦争が本格化する中で軍事需要のために奥山の保安林までが伐採された。そして敗戦の後に、ようやく枯渇した木材資源を回復させるために、全国一斉に成長の早い針葉樹が植林された。こうして日本の森林の約四割は単一樹種の人工林へと置き換わった。

この急速に変化した日本の近代史を振り返れば、この国にホット・スポットと評されるような自然が残ったのは、日本人が自然にやさしかったからというよりも、急峻な地形と、現在よりはるかに多かった降雪量によって、人の活動が制限されていたからに違いない。とはいえ、現代の土木技術はいっそう高度化し、山を崩して平地にしてしまうことすらさほど難しいことではない。だからこそ、生物多様性条約に基づく国際的コンセンサスは、自然度の高いホット・スポットを残してきた日本という国に対して、「生物多様性保全のために意識して努力してほしい」とのメッセージを送っていると理解すべきだろう。

もちろん、これまでにも、資源が枯渇しないようにメスジカの捕獲を禁止したり、一度は幻の動物と呼ばれるほどに減少していたカモシカを特別天然記念物に指定したりもしてきた。また、公害問題をきっかけに一九七〇年代には、環境への関心が高まり、自然保護の世論も強くなった。昭和の高度経済成長期と呼ばれる開発の勢いが圧倒的であった時代には、情に任せた自然保護運動やその反映としての自然保護政策であっても、一定の効果を発揮してきたといってよいだろう。しかし、科学性を伴わず、場当たり的に対応してきた二〇世紀の日本の自然保護は、その文化のあり方としては黎明期といえるだろう。そして、一九九二年に生物多様性条約の締約国となってからの四半世紀は、次のステップを確立するために苦悩してきた時間のように、私には思える。

この間、グローバル化が進み、日本の社会はさらに変化し、混沌としてきた。そんな社会情勢とも関連して、野生動物の問題は以前とはまったく異なる様相を示すようになってきた。そのため、この分野の関係者はとまどい、相変わらず情に任せて強引に乗り切ろうとあがいているようにも見える。そこには客観的な戦略というものがなかなか見えてこない。しかし、大きな問題を抱えたときに、その解決に向けた効率の良い戦略を描けないということは、リスク・マネジメントの仕組みが未完成な証拠である。

自然界では、状況の変化によって、野生動物の個体数が増えたり減ったりする。分布も拡大したり縮小したりする。それはごく自然な現象である。にもかかわらず、我が国の社会は、野生動物のもたらす状況の変化に過度に反応したり、後手に回ったりすることをずっと続けているように思える。見渡せば、私たちの日常の一部となった天気予報は、地球上の自然現象の記録を長年積み重ねた結果、進化するコンピュータ技術と統計学の力をかりて、より精度の高い予測を可能にしてきた。そんな時代に、野生動物と向き合う方法を確立できないはずがない。

この章では、私自身が仕事を通して取り組んできた、クマ、シカ、カワウという三種類の野生動物の実情について紹介しようと思う。

人里に頻繁にクマが出没してメディアで騒がれる。その理由はどこにあるのだろう。山の上ではシカが増え過ぎて捕獲しなくてはならないというが、人のいない山中でシカが増えることのいったい何が問題なのだろう。さらに、カワウという減りすぎていた野鳥が増えることの何がいけないのだろう。本章ではそうした疑問に答えようと思う。実は、彼らと向き合う現場からは、現代の野生動物と人間の間に横たわる共通の問題を拾い出すことができる。しかも、そのことは、現代社会のありかたに深く関わりがある。

一　クマのことを考える

クマとは不思議な動物である。時には人や家畜を襲う猛獣として恐れられ、時には愛らしいテディベアやプーさんとして愛される。かと思えばその出会いの瞬間に神を感じる人もいる。まずはそんなクマの実像を紹介する。

クマという野生動物

世界にはパンダも含めて八種のクマがいる。そして、その多くは人間の活動によって絶滅の危機に瀕している。その理由は、クマという動物が本来自然度の高い環境に暮らしているので、森林伐採のような環境の変化の影響を受け、時には人を襲う「猛獣」として駆逐されてきたことによる。

クマには群れで暮らす習性がない。また、平均的には一年おきに二頭の子供を生むため、毎年のように子供を産む動物や、一度に何頭もの子供を産む動物より、はるかに増加率が低い。また生息密度も低く、環境が変化したり捕獲が過度になると絶滅しやすい。

大型の野生動物が生きていくためには、その種に適した生息環境がどれほど広く連続的に残されているかということが鍵になる。とくに生息密度の低いクマのような動物は、一定面積あたりに生息する個体数が限られるので、存続に必要な個体数の集団が生き残るには、より広く連続的な自然環境が必要となる。

保全生物学では確率論に基づいて、生き残っていける最小の集団の目安を四桁以上の個体数の個体群を二桁以上(鷲谷、一九九九)としている。たとえば、一〇〇〇個体のクマが生きていくには、少なくとも一万平方キロ以上の連続的で良好な環境を必要とする。そのため、開発によって生息地が小さく分断されると、絶滅の危機が高まっていく。

国際的な野生生物保護活動で知られるＷＷＦ（国際自然保護基金）のシンボルマークに使われているパンダは、中国の竹林の減少と過度な捕獲によって絶滅の危機に陥った。また、地球温暖化によって北極海の氷が融け出したために、ホッキョクグマにも絶滅の危機が広がっている。さらにいえば、世界の各地で未だに森林の伐採が続いており、クマの生息環境は減少の一途をたどっている。

日本のクマのこと

日本には、北海道にヒグマが、本州にはツキノワグマが生息している。ヒグマは氷河期の草原が広がった時代に北半球（ユーラシア大陸、北米大陸）で繁栄したクマである。ツキノワグマ（アジアクロクマ）は、ユーラシア大陸の極東地域からヒマラヤ、さらには熱帯のタイにまで分布するクマである。いずれも人間活動の拡大によって分布域を狭められ分断され、人とのトラブルを通して捕獲され続けている。また、アジアの伝統医療（漢方）がクマの胆嚢（クマノイ）を重要な医薬品として扱ってきたことも、高い捕獲圧の原因となってきた。

両種とも、食物として植物質（草本類、木本類の葉、芽、果実など）から動物質（昆虫類、魚類、哺乳類など）まで幅広く利用し、それぞれの地域の環境条件に応じて主要な食物を柔軟に選択することができる。また、四季のある温帯以北では、食物の減少する冬の間は冬眠して過ごすので、冬眠前に大量に食べて皮下に脂肪を蓄える。とくにメスは冬眠中に体長二〇センチメートルほどの小さな子供を産み、授乳によって冬眠開けには歩けるほどに大きく育てる。そのため、母グマは冬眠前に十分な栄養を蓄えることができないと、出産育児に失敗する確率が高まると考えられている。

日本のクマは、冬眠前の栄養蓄積のために、秋になるとブナやナラなどのブナ科植物のドングリ（堅果）

神奈川県丹沢山地で撮影されたツキノワグマ（撮影　著者）

をよく利用する。ただし、ドングリの結実は年によって変動するので、凶作の年には食物を求めてクマが人里に出没する。クマの出没は毎年発生するわけではないが、決して異常な出来事ではなく、ドングリの結実不良に起因する自然現象である。しかし、猛獣のイメージの強いクマがたくさん里に出てくれば、現場では容認されずに駆除の対象になる。

クマを追いつめた時代

一九七八年に環境庁（現、環境省）が初めて大型動物の分布調査を実施した時、九州のツキノワグマはすでに絶滅していた可能性が高い。また、四国や紀伊半島でも分布が限られ、絶滅の危機に陥っていた。中国山地では、西部の山口県、広島県、島根県にまたがる山系に残った集団と、東部の鳥取県、岡山県、兵庫県の県境の氷ノ山山地に生息する集団が、それぞれ孤立的に分布することが確認された。

第二次世界大戦時の日本では軍需用に森林が乱伐されたので、戦後の復興に必要な木材資源を回復させるために、全国一斉に植林が開始された。「林力増強」と呼ばれたこの拡大造林政策の下で、奥山の広葉樹林までが伐採されつつ、急速にスギ、ヒノキ、カラマツといった針葉樹の人工林へと転換されていった。そのことは食物を自然林に依存するクマにも影響して、ドングリの結実不良が重なった年には、食物を探して里に出てくるクマが増加して、大量駆除につながった。

また、ツキノワグマには針葉樹の樹皮を剥ぐ習性があるので、植林木が生長すると、「クマハギ」と呼ばれる樹皮剥ぎ被害が発生するようになった。樹木は樹皮を剥がされると芯が腐り、全周を剥がされれば立木のまま枯死してしまう。そのため、クマハギは林業の深刻な被害となった。

一九七〇年代になると、四国、紀伊半島、近畿北部、中部地方南部といった伝統ある林業地帯では、たくさんの箱ワナが奥山に仕掛けられて、撲滅作戦と公言して積極的なクマの駆除が行われた。その結果、もともと地理的に隔離されている四国や、山塊として隔離されている紀伊半島では極端にクマが減って絶滅の危機に陥った。

猟師の気持ち

私は、地域社会の要請に応えるように生活の一部として有害駆除を担ってきた狩猟者を「猟師」と呼び、都会に暮らし、全くのスポーツとして狩猟を楽しむ狩猟者を「ハンター」と呼んで、あえて区別する。もちろん、両者は同じ狩猟免許の手続きを経た狩猟者であるが、両者の果たしてきた社会的役割は全く別のものである。そのうえで、誤解があるので付け加えておくが、猟師がクマを追い詰めたのではない。

被害対策として夏に駆除されるクマは、毛皮の質も悪く、油ものっていない。なにより高価に取引される胆嚢には胆汁が溜まっていないので、この時期のクマは猟師にとってなんの価値もない。獲物としての価値が上がるのは、冬眠中か冬眠穴から出てきた直後の、食物を食べ始める前で胆嚢に消化液の胆汁がたまっているクマである。したがって猟師は夏のクマを駆除することを好まない。また、猟師は山の恵みを重んじるので、獲物を獲れるだけ獲ってしまうようなことはしない。彼らは社会の要請を受けて、地域の相互扶助精神で駆除の任を果たしているにすぎない。

東北や北陸地方の猟師はとくに山の恵みを重んじる意識が強い。それでも大量出没が発生すれば集落の安全のためにクマを撃たざるをえなくなる。私の出会った猟師たちは、駆除隊を勤めながら、里に出てくるやせ細ったクマを見て、「こんなことをしていてはクマが絶滅してしまう」と、危機感を口にしながらクマを撃っていた。昭和の後期は、生息地を奪われながら強い駆除圧を受けた、クマにとっては受難の時代であった。

一九九〇年代に入ると、環境庁（当時）は、西中国、東中国、四国、紀伊半島、そして下北半島に生息するツキノワグマの集団と、北海道の手塩・増毛《ましけ》地域、石狩西部地域のヒグマの集団をレッドデータブックの中で「絶滅のおそれのある地域個体群」に指定した。それを受けて、関係する自治体は捕獲を制限するようになった。併せて猟友会も主体的にクマの狩猟自粛に踏み切った。こうして、夏から秋にかけて駆除数が増加した場合には、クマの狩猟を自粛するというルールが定着した。

こうした努力はクマの増加に一定の効果を生み出したが、そのことによって人とクマの衝突がなくなったわけではなく、クマの分布する地域では、相変わらず出没騒動が繰り返されている。

最近の大量出没

それから十数年が経ち、二一世紀に入った二〇〇四年、二〇〇六年、二〇一〇年と、立て続けにクマの大量出没が発生している。一九八〇年代に危機感を持たれた時でさえ、最大捕獲数は三〇〇〇頭程度であったが、二〇〇六年の捕獲数は実に五〇〇〇頭に達した。この年、クマは集落や市街地にまで出没し、人家に入り込み、昼間に人が襲われる事件まで起きた。これほど広範に出没が多発する現象は、昭和の時代にはなかったことである。

最近の大量出没に関する自治体の記録を見ると、初夏の段階から目撃数や駆除数が平年より増える傾向にあることがわかる。そうなると、クマの出没の理由は、秋の結実不良では説明がつかない。そして、出没数の増加はクマに限らず、イノシシ、サル、シカでも同様の傾向が見られることから、その原因は、どうやら全国的に共通する農村地帯の過疎にあると考えられるのである。これについては、今では環境省や農水省の公式見解として、特定鳥獣保護管理計画（以下、特定計画）や獣害対策関係のマニュアルにも掲載されている（環境省ＨＰ「野生鳥獣の保護及び管理」のページ www.env.go.jp/nature/choju/index.html・農林水産省ＨＰ「鳥獣被害対策コーナー」のページ www.maff.go.jp/j/seisan/tyozyu/higai/ 参照）。

人が森に入らなくなれば、集落の裏山は以前にもましてクマが利用するようになるだろう。そして林から見える農地には高齢者の姿しかみられず、クマを追い回す猟犬もいない。そうなれば、クマは簡単に畑の野菜や果実を手に入れることができる。仮に、母クマがこうした行動を習得してしまったなら、一緒に連れて回る子供は、生まれた時から農地を自分の行動圏の一部として学習してしまうだろう。

近年のクマの大量出没は、日常的に里付近を利用する個体が増加したことが根底にあり、結実不良で奥山から下りてくる個体が加わって出没数が増加している可能性が高いと考えられるが、ここまでの状況になると、問題の解決はなかなかに難しい。

出没地点の拡大

クマの出没地点はかつての分布前線を大幅に越えている。二〇一三年に環境省が実施した全国調査によれば、かつてレッドデータブックに記載された分布の孤立した集団、たとえば、中国山地の東西に分かれていた集団でさえ、両地域の間に出没地点が増加して、すでに、その間の個体の交流が回復している可能性が出てきた。また、紀伊半島でも出没地点が北上して、北近畿方面と分布がつながる可能性が出てきた。また、青森県の八甲田山の山麓でも、クマの出没地点はしだいに下北半島の基部をとらえ、半島の先に孤立する集団との交流も、ありえないことではなくなった。

こうした現象は、危機的状況にあった地域個体群が回復してきたことを意味しており、本来なら歓迎すべきことである。しかし、そうした現場に人とクマとの軋轢《あつれき》を解消する手段が用意されていないのなら、手放しで喜ぶことはできない。

各地でクマの分布が拡大する中で、かつて箱ワナによって徹底した駆除が行われた四国では、未だにクマの個体数が増える兆候はない。しかし、同様に箱ワナによる強い捕獲圧にさらされ、一旦はクマの分布が大幅に後退した南アルプスの静岡県側では、一九九〇年代以後の捕獲制限によって分布が見事に回復した。これらの情報は、徹底した駆除というものが閉鎖個体群に強く負の影響をもたらすという事実とともに、背景に南アルプスのような自然度の高い大きな山塊があり、分布の連続性が広く確保されているのなら、仮に局地的に捕獲圧が高まったとしても個体数が回復する可能性があることを証明する、貴重な記録となっている。

クマを獲りすぎないために

現在、国や自治体のホームページには、野生動物に関する、調査報告、特定計画、検討会の議事録、出没対策マニュアル、被害対策マニュアルなど、多くの情報が公開されている。

環境省は、クマの保護管理マニュアルの中で、連続的な分布域の面積や推定される個体数によってクマの集団を類型化し、危機的地域個体群（一〇〇頭以下、捕獲割合三％）、絶滅危惧地域個体群（四〇〇頭以下、捕獲割合五％）、危急地域個体群（八〇〇頭以下、八％）、安定存続個体群（八〇〇頭以上、十二％）といったように、それぞれの個体群の規模に応じた捕獲許容量の基準を示している。これが自治体の作るクマの保護管理計画に反映されている。

そしてどの自治体のマニュアルにも、人身事故を起こす可能性のあるクマには、まずは予防的に対処するよう書かれるようになった。誘引物を人間の生活圏の中に放置しない、クマに餌の在りかを学習させない。そういったことが最優先の課題としてあげられている。しかし、高齢化の進む農村では、このことがなかなか徹底できない。そして大量出没の年には、捕獲数が許容上限値をはるかに超えてしまうことになる。

さらに難しい問題がある。クマと同所的にイノシシやシカが生息する地域では、その数を減らすために積極的にワナが導入される。そこでは箱ワナのほかに、ワイヤーによって足首を引っかけて捕獲するククリワナが使われる。法律上は目的外の動物がかかった場合（錯誤《さくご》捕獲）は放獣しなくてはならないが、誤ってクマがかかった場合は、放獣作業に危険が伴うので、専門技術をもった放獣体制が整っていないかぎり、緊急避難的措置として射殺処分が容認されている。それどころか、ククリワナにかかったクマは、ワイヤーが切れて逃げることがある。そうなると、その足や指は壊死《えし》して失われてしまう。こうした錯誤捕獲を回避するために、鳥獣保護法ではワナの直径をクマの足のかからない十二センチメートル以下にするよう規制を設けてはいるものの、径を小さくしても指先や若いクマの足がかかることを防ぐことはできない。そのため、とくに積極的にイノシシやシカを減らす必要のある地域ではこのことが難題となっている。

クマと棲み分ける

クマが危険な野生動物であることはまぎれもない事実である。しかし、二〇世紀末に生物多様性条約を生み出した人間が積み上げてきたことは、人間社会のよりよい生活を保持しながらも地球上の野生動植物と共存する、たとえ危険な野生動物であっても工夫して共存するという選択である。私は、クマのような危険な動物と共存するというのなら、まずは出没を予防的に抑制するために、人とクマの棲み分けを徹底していくことしかないと考えている。

本来、野生動物は人に警戒心を持ち、うかつに人の生活空間に出てくるものではない。そこに魅力的な食物がなければ危険を冒して出てくることもない。しかし、猟師も減り、猟犬もつながれ、高齢者だけになった現在の集落は、クマからみれば安心してカキやクリを食べることのできる魅力的な餌場となってしまっている。以前は夜間にこっそり出ていたものが、今では昼間に堂々と食べに出てくるほどの状況へと変化している。

農山村に人がたくさんいた時代には、放し飼いにされていた猟犬に追い回され、銃を持った猟師に追われたので、クマは警戒心をもったと思われる。そのことが人と獣の間に心理的バッファーを生みだし、棲み分け効果につながっていたと思われる。この、接近すると怖い目にあうという経験と学習がないかぎり、クマと棲み分けることはできないだろう。

二　シカのことを考える

次に私たちは、各地の森林に深刻な影響をもたらし、生物多様性保全の上でも難題をつきつけるシカという動物について考えてみることにする。古来、人はシカを資源として活用しつつ、立派な角を持ったオスジカの姿に神を見出してきた。そして、植物を食べて生きるシカは生態系の鍵を握る存在であった。ということを、私たちは最近になって思い知らされている。

立派な角を持ったオスジカ（提供　高槻成紀）

シカという野生動物

小型犬サイズのキョンからウマより大きなヘラジカまで、世界には三六種ものシカ科の動物がいて、熱帯から寒帯にかけての森林や草原に暮らしている。日本に生息するニホンジカは日本にだけ生息するわけではなく、ユーラシア大陸のロシア沿海州、中国、朝鮮半島、ベトナム、そして台湾にも自然分布している。

シカは、肉の食用のほかに、角、骨、皮までも人間の生活に役立ってきたので、昔から重要な狩猟の獲物となってきた。かつて、日本の平野にはシカが数多く生息して、雪が降れば雪の少ない場所に群れるので、人々は、弓やワナで、あるいは落とし穴で獲った。ところが、明治以降の人口の急増に伴って、土地が急速に開墾されて農地となり、居住地、市街地へと姿を変えた頃、シカはしだいに平地から排除された。政府は資源的価値の高かったシカを乱獲から防ぐために、繁殖に寄与するメスジカを禁猟にし、オスジカの捕獲数も制限したほどである。

平地を追われたシカは森の中に生き残った。森林は戦争中の燃料や資源の確保のために伐採されたので、伐採跡地にはシカの食物となる下草があふれていた。やがて戦後の復興期には、木材資源を再生させるために拡大造林政策が実施され、全国的にスギ、ヒノキ、カラマツといった針葉樹が植えられた。その後、生長した植林木が伐採されると、その跡地には草が茂った。こうして森の中は、姿を隠せる樹林と、食物となる草地のモザイク構造となったので、シカにとって都合の良い環境が増えた。その結果シカが増え、苗木の食害が問題となったので、シカは害獣駆除の対象となった。

一方、一九八〇年代頃から林業が輸入材との間で競争力を失い、手入れを持続する経済的見通しすら失うようになると、各地の植林地は放置され、林業被害の声はしだいに小さくなった。また、その後に社会がバブル期へと移行すると、第一次産業は本格的に若者から敬遠されるようになり、農村の高齢化が深刻になった。そのことは猟師の後継者の減少にもつながったので、シカへの捕獲圧も減っていった。

シカが森林を破壊する

その後、シカの増加と分布の拡大は急速に進んだ。それは平面的な広がりにとどまらず、垂直的にも広がり、希少性のある高山植物群落にも影響が出るようになった。シカはたいていの植物を食べるので、もし、特定の場所の密度が高まると、集まったシカの採食圧によってその地域の植物は食べ尽くされてしまう。初めにシカの好む下層植物が食べられて、やがてシカの数に比べて相対的に食物量が少なくなると、それまで食べなかった植物までも食べるようになる。さらに口の届く範囲の樹木の枝葉まですべて食べてしまうので、森林内の一定の高さから下にある枝葉や草木が線を引いたようにきれいに消えて、「ディアライン」と呼ばれる景観が出現する。

また、シカは冬には木本の幹の樹皮をかじるので、亜高山帯のトウヒ、シラビソ、ウラジロモミ、コメツガといった針葉樹が集団で枯れるようになった。そればかりか、下層植物が食べ尽くされれば、雨が降ったときに雨滴が直接地面を打つので、土壌が流れ出てしまう。土壌が失われれば植物の再生が困難になる。土壌にはたくさんの微生物や土壌動物がいるので、それらがいなくなると、昆虫類、両生類、爬虫類、鳥類、哺乳類など、ほとんどの動物群集が生きる拠り所を失ってしまう。さらに、土壌が流出した森林は保水機能を失うため、近年、頻繁に発生する集中豪雨が重なると、山全体の崩落が激しくなって山麓に災害が及ぶ可能性すら出てきた。

こうしたシカによる森林への影響については、すでに一九九〇年代には警鐘が鳴らされていた。北海道（大泰司ら編著、一九九八）、岩手県五葉山（高槻、一九九二）、栃木県日光（辻岡、一九九九）、丹沢山地（古林ら、一九九七）、その後も、同じく丹沢（田村、二〇〇七）、四国（依光編、二〇一二）、屋久島（湯本ら、二〇〇六）など、各地の深刻な事態が次々と報告されるようになった。

シカが増え過ぎたことによる森林破壊は、世界のホット・スポットたる日本の自然環境にとって深刻な危機である。シカが植物を食べつくす過程で失われる動植物の中には、再生の可能性を逸してしまう生物種も数多く含まれる。今は、とにかく、我々の目の前で起きている多様な生物群集の消滅を、なんとかして回避することが、生物多様性条約の締約国としての努めであると、私は考える。

シカを減らす

シカは一夫多妻性であるため、子供を産むメスを捕獲しなければ増殖を抑えることができない。その政策的判断のタイミングが遅れると事態は大変なことになる。

明治から昭和の戦争の時代の中で乱獲が進んだので、鳥獣保護法では、一九四八年に、猟期の狩猟の対象をオスに限定し、有害捕獲でのみ雌雄の捕獲を許可してきた。そのため、一九七〇年代あたりから野生動物の資源的価値が下がると、生活のためではなく趣味で狩猟を行うようになった狩猟者たちの関心は、立派な角のあるオスを獲ることに偏るようになった。その結果、有害捕獲であってもメスの捕獲はなかなか進まなかった。その後、各地でシカが増加して被害が目立つようになると、ようやく一九九四年にメスジカが狩猟獣となった。それでも、半世紀もの間オスを獲ることが習慣となってきた猟師にとって、メスジカを獲ることへの関心はなかなか高まらない。

続く一九九九年の鳥獣保護法の改正時に「特定鳥獣保護管理計画制度（以下、特定計画）」が制定されたことで、ようやくメスジカの捕獲が増えることになる。この制度は、科学的根拠に基づいて保護管理計画を作り、個体数調整、生息環境の管理、被害の管理といった対策を進めていくものであり、モニタリング調査を行って柔軟に計画の軌道修正を図っていく制度である。この制度が登場した後、自治体は積極的に報償費をつけて捕獲を推進するようになったので、メスジカの捕獲数も増加するようになった。

現在、高齢猟師達の頑張りによって、二〇一〇年には全国で三六万頭（約半数がメス）もの捕獲実績があがっている。しかし、それでもシカの分布拡大と被害を抑制できていない。このことはシカの増殖のほうが捕獲数を上回っているからであろう。

一方、ほぼすべての自治体が農地から市街地へとあふれる野生動物の対応に追われており、その種類も、イノシシ、サル、クマ、シカ、カモシカ、ハクビシン、アライグマ、さらには野鳥のカワウ、カラス、ムクドリ等々、一年中多忙な状況にある。地元の猟師もその対応で手一杯になっているため、生物多様性を保全するという、もう一つの緊急性の高い課題にまで手が回っていない。もし、このまま全国の森林がシカに食べつくされてしまえば、豊かなはずの日本の動植物は拠り所を失って消えるしかない。

環境省では、猟師の数が減らないように、若者に狩猟免許をとらせようと盛んにキャンペーンを展開しているが、警察は銃の所持者を増やすことに慎重であるし、山の中での狩猟は、いうまでもなく、きつく危険な作業である。若者に免許をとらせて、無償奉仕の猟師ボランティアで問題を片付けようとする期待には、いささか無理がある。こうして増え続けるシカの対策は暗礁に乗り上げたかにみえる。

シカを増やさない生息環境管理

シカが増える環境がある限り、駆除によってシカを減らすことには限界がある。したがって、問題解決のためにはシカを増やす環境を管理することが欠かせない。ところが、土地の扱いは鳥獣行政とは異なる分野の法律に基づいているので、それらの部署との調整が最重要課題となってきた。

これについて、現状を説明しておく。林野庁は、日本の人工林の蓄積は現在四一億立方メートルに達しており、成熟期に入った人工林をどんどん伐採して、利用しなくてはならないという（林野庁ＨＰ「基本政策」のページ www.rinya.maff.go.jp/j/kikaku/policy/index.html 参照）。ただし、問題は容易ではない。森林を伐採すれば地表面に光が入り、下層植物が回復する。そのことでシカの食物が増えれば栄養が供給され、シカはさらに増殖して森林を食べる。これでは、どんなに一生懸命に捕獲をしても、シカが減らないのは当然である。

こうした現状について、林学分野の森林施業研究会（二〇〇七）が、『主張する森林施業論―二二世紀を展望する森林管理』の中で、様々な角度から技術的提案をしており、これまでの林業から脱却し、生態系を視野に入れた森林管理を推進するべきだと主張している。そこからは、今、手を入れなければ日本の森林が壊れてしまうという、技術者たちの強い危機感が伝わってくる。

一方、シカ問題には牧場も関係している。広い意味の牧場として、畜産用の牧場、観光牧場、スキー場、放棄された牧場跡地、などがある。現在、こうした「牧場」にシカが群れており、餌場と化してシカを増やしている。したがって、「牧場」に集まるシカを効率よく捕獲して、なおかつ放棄された牧場を積極的に森林に戻していく必要がある。しかし、それには土地所有者の理解も予算もかかる。なにより、牧場に関係する法律は農政の部署が管轄しているので、ここでもシカ問題への理解と調整が必要になっている。

ときどき「森林内の植物を食べ尽くせば、餌を失ったシカは自然に減っていくから、放っておけば良い」との楽観論を耳にすることがあるが、残念ながら、シカに餌を与え続ける森林政策や土地利用が続く限り、放置したままシカが減るなどということは、決してありえない。

森林管理とシカ管理

一旦シカが高密度になってしまうと、シカを捕獲するためにいくら税を投入しても、なかなか問題の解決にはつながらない。これまでの経験と反省の上に立つなら、シカの密度が高まらないよう、常に適度な捕獲を続けておくことがポイントであることに気がつく。そのことの好例を紹介したい。

私は、二〇一〇年に、機会があって、ドイツのバーデン・ビュルテンブルク州の国有林を訪れた。そこでは、森林官が、常に植物の生育状況やシカの採食痕を観察しており、シカを減らす必要があると判断したら、地元の猟師に捕獲を依頼するようにしていた。また、自らも銃を背負い、通常の見回りの際に、猟犬を連れてシカを撃つという。これこそ、森林管理の一環としてのシカ管理のあり方だと、強く印象に残った。

日本の森林を扱う「森林法」や「森林・林業基本法」では、国有林や民有林のそれぞれに森林計画を作成することになっている。捕獲を推進しながら、一方でシカに餌を与えて増やしてしまうという無駄を省くには、鳥獣保護法の特定計画と整合させたシカ対策を、個々の森林計画の中にきちんと組み込む必要があると、私は考える。

とはいえ、シカの数が減って適正な密度に移行するには時間がかかるので、シカの食圧によって植物群落が危機に陥ることを避けるには、防鹿柵《ぼうろくさく》によって緊急避難的に植物群落を保護する必要がある。また、柵によって伐採跡地を囲み、下草を食べさせないようにするという選択もある。あるいは伐採跡地で増えた餌に集まるシカを、自動開閉式の扉をつけた捕獲柵で捕獲するという手段もあるだろう。こうした試行はすでに始まっている。

柵は、一個所でも壊れるとシカは侵入してしまうので、小まめに見回りができないかぎり、広く囲うタイプの柵は避けたほうが賢明である。神奈川県の丹沢山地や三重県の大台町では、保護の必要な植物群落や、再生のための苗木を植えた場所を保護するために、一辺が数十メートルの小規模の柵を何カ所も設置して効果をあげている。パッチディフェンスとも呼ばれるこの小規模柵は、どこかが壊れても、被害を小さく抑えることができる。リスク・マネジメントとしては効率が良い。

このように、森林内のシカ対策は、柵と捕獲の組合せが最も期待されるところであるが、柵は土地の管理者が選択して実行することであるので、シカの管理者には権限がない。結局、両者で十分に調整されない限り、シカ対策の効果はあがらない。現状がこうなっているのは、法律上、森林管理は「木のことだけを考える部署」が行い、シカ管理は「捕獲だけを考える部署」が行うことになっているからにほかならない。そして、分野を超えてこの問題を理解する機会もなく、連携が進まなかったことによる。

シカ問題は土地の問題であり、シカを増やさないための鍵は、実は土地の管理者の側が握っているという理解を、社会の全体に定着させていかなくてはならないだろう。

分野をまたぐ広域連携

今世紀に入ってから、野生動物研究用にGPSを組み込んだ首輪が開発され、野生動物の分野にも新しい知見が蓄積され始めた。シカについても、国や自治体による調査事業の中で活用されて、大きな山塊の中を季節的に数十キロメートルも移動していることや、ある地域で狩猟が始まると保護区へと逃げ込むように移動することなどがわかってきた。もちろん、地域の環境条件や社会的条件によって個体の移動は様々な様相を示すが、シカは潜在的にそうした長距離移動の能力を持つ動物であるという事実がわかったことが重要である。

　こうした相手に向き合うには、シカの集団（地域個体群）の予想される移動範囲、たとえば一つの山塊を対象に、広く森林の状況を見渡して、保護すべき植物群落の位置、餌を提供する牧場の位置や人工林の伐採予定地、林道敷設の予定地など、シカの生息環境として関係する情報を集めて整理する。その上で、どこで食物が供給され、どこにシカが集まるか、どこの植物群落が影響を受けるか、といったことを予測することができれば、もっと効率良くシカ対策の計画を描くことができるだろう。

　こうした情報収集と解析作業を、関係する国の機関（環境省の国立公園部署、林野庁の国有林部署、農

宮城県金華山に群れるシカ（提供　高槻成紀）

政局、等)、都府県や市町村の関係機関(鳥獣、林政、農政、等)が協働で実施して、想定されるシカ対策を全て列挙して、広域一体的なシカ対策を作り上げていく。その過程で一定の方向性が見えてくれば、少しは、この難問に対する展望も開けてくるに違いない。

現在、広域連携のシカ対策の試行が、環境省事業として、本州の関東山地において進められている。これは鳥獣保護法の基本指針に記載された広域保護管理の考え方に基づくもので、私もその広域協議会の事務局運営に関わってきたが、なかなか広域連携の効果が発揮できない。

広域連携の保護管理を可能にするステップ

行政事業は税金で支えられている。シカ対策も例外ではなく、財政部局や議会に対して、その事業に投資することの意義を説明し、その審査を通らなくては予算を確保できない。広域連携の計画であっても同じことで、関係する行政機関が、それぞれの分担する役割に対する実行予算を確保できなければ先に進めない。

予算を確保するためには、まずは科学的裏付けを持った説得材料が必要になる。個々の自治体が個別に対策を行っているよりも、広域一体的に連携して取り組めば、このように問題の解決につながっていくというシナリオを、科学的材料に基づいて準備しなくてはならない。

その実現のためには、まず広域連携に関係する自治体や国の機関が、シカについて蓄積している情報を持ち寄って、現状を整理しながら具体的な戦略を描かなくてはならない。しかし、関係する自治体の全てがシカの情報を蓄積しているとは限らない。特定計画を作成している自治体なら、ある程度、基礎的な情報はそろっているが、情報収集の手段が違えば単純に突き合わせができない。また、自治体によっては、優先課題がシカ以外の動物であれば、シカの特定計画が作られていない場合もある。

こうした事情から、まずは関係機関の情報の均一化を図らなくてはならない。そのためには、情報の欠けている自治体には、一定の方法で調査を実施してもらわなくてはならない。そこが第一の関門である。そして、この「広域連携のシカ対策の戦略を描くために必要な情報」を整えるための調査を実施する予算を確保することが難しい。なぜなら、この段階では具体的なシカ対策の戦略は描けていないので、さまざまな不安材料が出される。たとえば、広域連携に本当に活路が見いだせるのか、そんな遠回りのことをしないで、今はシカを捕るために予算を使う方が有効ではないかなどなど。とくに地元の被害者の声を代表する議会では、そのように考えがちである。

こうして予算の確保が頓挫すると、情報の均一化が遅れ、広域一体の戦略作りは具体性を欠いたまま停滞し、時間だけが経過する。そして、その間にもシカは増殖していく。

こうしたロスを避けるためには、はじめは、均一の材料でなくとも、なんらかの仮定を含めていくつかのシナリオを作り、関係機関の財務や議会が納得できる戦略を一つ選択して、その方向で予算を確保して広域連携の対策を一歩でも先に進めることである。その後は、必要なモニタリング調査を継続して、対策の効果を評価しながら計画を軌道修正していく。後に述べるが、緊急性を帯びた問題に対処する時ほど、この順応的管理を大胆に進める覚悟が必要である。

三　カワウのことを考える

都会の街路樹にねぐらをとり、糞を撒き散らして騒々しく鳴き交わすムクドリも、生ゴミを襲うカラスも、黒い鳥はあまり人気がない。緑黒色に光る美しい羽根を持つカワウも漁業関係者にはめっぽう嫌われている。そんなカワウの問題に触れるとき、川とのつきあい方の奥深さ、難しさに気づかされる。

カワウという野生動物

鵜の仲間は世界中に四十種生息し、このうち日本には、カワウ、ウミウ、ヒメウ、チシマウガラスという四種が生息する。このうち、カワウのみが、日本各地

カワウの成鳥（提供　加藤ななえ）

の沿岸部から内陸の河川や湖沼へと分布を広げて生活している。また、カワウは、日本のほかに、サハリン、韓国、台湾にも生息する。鵜を使って魚を獲る鵜飼は、中国が起源で一世紀頃から始まったと推測されている。七世紀の中国の書物「随書」に日本の風俗として鵜飼が紹介されていることから、その頃にはすでに日本に伝わっていたらしい。さらに一六世紀にはヨーロッパに伝わってスポーツとして流行ったそうである。現在では、岐阜県の長良川など日本の十三ヶ所で鵜飼が行われており、使われているのはウミウのみであるが、近代まではカワウが使われていたのではないかと推測されている。

カワウは集団で生活し、川沿いの樹林などにねぐらを作り、繁殖期になると巣を作って卵を産み、雛を育てる。こうした場所をコロニー（集団営巣地）という。かつての日本人は、ねぐらやコロニーの下にわらを敷いて糞を採取し、堆肥や燃料として使っていたという。狩猟統計では、昭和初期の一九三〇年代に年平均七〇〇〇羽以上も獲られていたというので、昔は食用としても利用されていたかもしれない。

ところが、その後に変化が起きる。記録では、一九七一年に関東最大の千葉県大巌寺のカワウのコロニーが消失したことで、東京の上野公園にある「不忍池」、愛知県知多半島の「鵜の山」、大分県の「沖黒島」に、三〇〇〇羽ほどがようやく生き残ったという。その理由は、高度経済成長期にカワウが魚を獲っていた湾岸が埋め立てられたことや、公害による水質汚染によって魚が汚染されたことによると考えられている。その後、一九八〇年代に公害問題が改善されると、カワウの個体数は回復に転じ、さらに三〇年を経た現在では、ねぐらやコロニーの観察される地域が全国に広がるようになった。昔から日本に生息していながら激減していた野鳥が個体数を回復するということは、生物多様性保全の観点からすれば歓迎すべきことである。ところが、カワウが魚食性の鳥であるがために、問題が浮上した。

こうした経緯については、環境省のホームページにある「カワウの保護管理ぽーたるサイト（www.biodic.go.jp/kawau/index.html）」にたくさんの情報が掲載されているので、参考にしていただきたい。

千葉県小櫃川河口のコロニーで営巣するカワウ（提供　加藤ななえ）

漁業資源の管理

魚は日本人の貴重なタンパク源であったから、漁獲についての争いが絶えず、人々は漁業権や入漁権を作って争いや乱獲を防いできた。その延長で、明治になると漁業法が作られ、改訂されながら現在に至っている。

漁業法によって漁業権を免許された団体のうち、内陸の河川、湖沼、池の漁業権者が内水面漁業協同組合である。その全国組織を全国内水面漁業協同組合連合会という。漁業権を免許されるということは、魚の所有権ではなく魚を獲る権利を得ることを意味する。同時にその者は水産資源の枯渇を防ぐために増殖の義務を課せられている。しかし、川の魚は誰でも釣りをする可能性があるので、釣りには開放するけれども、そのかわり遊漁料を徴収して、魚の増殖の費用負担をしてもらうという構造になっている。

漁業権とは、「魚類を資源利用する人間のふるまいを管理する」との考え方に基づいており、未完成な日本の大型野生動物の管理よりも進んでいる。そこでは魚は明確に資源として位置付けられており、業《なりわ》いとしての人の営みがあるからこそ、その行為に関する管理、さらに資源の枯渇を避けるための管理の仕組みにつながっている。このことが、現代において資源としての社会的価値を失った大型野生動物と異なる点である。

古来、食用として重視されてきた魚の一つにアユがいる。野生のアユは、内陸の川で生まれるとすぐに海へと下り、プランクトンを食べて成長し、再び川に戻ってくる。そして8月下旬頃から産卵場に集まって産卵する。この海と川を往復する習性こそがアユの生活史の基本である。

ところが、高度経済成長期に日本の川には治水・利水のためのダムがたくさん作られたので、川が分断されてアユの遡上の導線が断たれてしまった。そのことは漁業資源の枯渇を防ぐ立場にある漁業権者にとっては大きな問題となったが、地域住民の利害に関係する治水・利水のほうが優先し、内水面漁協はアユの稚魚を購入し、川に放流して増殖をはかるようになった。

狩猟鳥指定

この放流したアユの稚魚が、一九九〇年代に増加したカワウの格好の餌食となった。稚魚の購入に多額の費用を投入している内水面漁協にとっては、集団でやってきて、放流したばかりのアユを食べてしまう黒い鳥の集団には手を焼いて、しだいに害鳥は駆除しろとの声が大きくなった。

当時、鳥獣保護法ではカワウは非狩猟鳥であり、狩猟の対象になっていなかった。その理由は一九七〇年代に三〇〇〇羽近くまで減っていたので、集団営巣地の残っていた場所では自治体が、天然記念物に指定したり、レッドデータブックに記載したりして、保護鳥にしてきたためである。

法律上は、害性が認められれば有害捕獲の許可を経て捕獲することは可能であるが、それでも、「狩猟鳥にしていないのは国が保護しているからだ」とする被害者の憤りに配慮する形で、二〇〇七年にカワウは狩猟鳥に指定された。

しかし、現代の猟師にとってカワウは獲物としての魅力に乏しい。また、カワウの集まる河川には発砲を禁止された銃猟禁止区域が多い。そのうえ猟師は減る傾向にある。したがって、狩猟鳥にしても絶滅に陥ることはない。現実に、狩猟鳥化以降、統計上の捕獲数が増えたのは事実であるが、カワウの分布は拡大を続け、すでに日本中に広がってしまった。専門家によれば、むしろ、限られたコロニーやねぐらにまとまっていたカワウが、捕獲の影響で攪乱された結果、新たな場所へとねぐらが分散して、分布の拡大につながっているという。この事例は、捕獲という手段が、使い方を間違えると問題を大きくしてしまうことがあるということを示している。

河川生態系の問題

十年ほど前に、私も事務局として関わっていたカワウの広域保護管理指針作りの協議会の場で、魚類の研究者から、「河川の魚類資源の問題はカワウの食害にとどまらない」との意見が出された。それは次のようなことである。

日本の河川は、多数のダムが造られたことで水量が減り、護岸をコンクリートで単純化されたので、魚の棲みやすい河川構造が失われてしまった。その結果、昔よりも魚の生息数は減ってしまった。水量が浅いほど魚が隠れる場所は少なく、魚の姿がカワウの目にとまりやすい。つまり、カワウの被害はもとをたどれば河川の構造的な改変に起因しているという。そもそも魚が豊富な河川であったなら、カワウのような魚食性の野鳥が魚を食べたところで問題になどならなかったはずだという。

国交省は、旧建設省時代の一九九一年から「多自然型川づくり」を推進しており、ダムに魚道を設置し、河川の護岸構造を自然型に替えていく取り組みを行っているが、昔のように魚が豊富に棲む川を取り戻すには、まだまだ時間がかかりそうだ。

また、これも魚類の研究者からの指摘であるが、外海と河川の間を回遊するアユと、琵琶湖と河川の間を回遊するアユは遺伝的に異なるという。この琵琶湖産のアユの稚魚を他県の河川に放流する行為は、生物多様性保全の観点からすれば遺伝子汚染につながり、国内外来種問題に該当する。外来種とは、狭義には海外からもたらされた生物のことをいうが、日本国内であっても北海道と本州以南、あるいは九州以北と南西諸島では動植物は大きく異なる。したがって、国内で移動させられた生物も国内外来種として扱われる。琵琶湖産のアユの稚魚の放流はこれにあたる。

ただし、日本では、昔から魚の増殖を意図した放流が普通に行われてきた歴史があるので、この段階で、厳格に遺伝子汚染という論が成り立つものか、さらには放流の制限ということが合意されるのか、まだまだ議論が必要とされるところである。

カワウ問題の本質

カキ（牡蠣）の養殖のために森に木を植える「ＮＰＯ法人森は海の恋人」の活動（畠山、二〇〇六）は良く知られている。豊かな森が存在すると、その栄養分が川から海へと流れ出て、豊かな海が形成される。川は山と海をつなぐ生命線のような存在である。

集中豪雨の際に、保水力を失った山から水があふれて土砂災害が起きる。これまでの土木的思考なら、それを防ぐにために砂防ダムが必要だと考えるであろう。あるいは、夏の水不足を回避するために貯水ダムが必要だと考えるであろう。しかし、生物多様性保全の時代には、海から川へと遡上する魚の回遊を保障し、野生動物や水生生物が豊富に棲める川の生態系を再生することや、内水面漁業と共生できる河川管理という考え方が、さらに積極的に取り込まれることを期待したい。カワウ問題とは、単に魚が野鳥に食べられる被害の話にとどまらない。その解決には、より大きな生態系の視点にたって考える必要があることを示している。

四　新たな時代の野生動物との向き合い方

ここまで、クマ、シカ、カワウと、三種類の野生動物をとりあげ、彼らをとりまく現状について紹介してきた。そのすべてに共通することは、現代社会が直面する野生動物の問題には、根本のところで農山村の人口減少問題が関係しているということである。そのため、私は鳥獣行政の中だけの狭い議論に終始していても、この問題は解決しないと考えている。

人口減少時代の野生動物問題

日本の人口は一九七〇年頃に一億人を超え、二〇〇五年に一億二八〇〇万ほどに達して減少に転じた。狭い平地に高密度に人が暮らしてきたことは、環境には重たい負担になっていたはずである。そのことからすれば、人口減少は歓迎すべきことである。しかし、高度経済成長期に積み上げられてきた社会の仕組みやインフラにいたる様々な事柄が、人口の減っていく時代には適合しなくなっているという。

有識者の集まるＮＧＯ日本創世会議（www.policycouncil.jp）の人口減少問題分科会は、二〇五〇年に消える可能性のある市町村を実名入りで公表して、至急、この問題を改善するよう警鐘を鳴らした。また、国交省が検討中の「新たな国土のグランドデザイン」においても、二〇五〇年の日本の人口は九七〇〇万人にまで減ると推定し、人口の偏在状況を想定しながら、人が集まって暮らす「小さな拠点作り」という構想を公表している（国交省ＨＰ「国土計画」のページ www.mlit.go.jp/kokudoseisaku/kokudoseisaku_tk3_000043.html 参照）。それほど切実な状況がこの先の日本には迫っている。

人のいなくなった空間に野生動物が入り込むのは自然なことであるので、野生動物があふれる現象とは、この人口減少問題に付随する象徴的な出来事の一つということになる。

日本では、山奥の隅々まで人の暮らしが営まれてきた。谷間の川沿いの道を遡れば、ちょっとした平地に集落があり、急な斜面に畑を作って人々が暮らしてきた。しかし、若い労働力が消えて税収も減るような市町村では、道路の除雪や集中豪雨後の土砂の取り除きといった、これまで当たり前に実施してきた行政サービスすら続けることができなくなる。また、あふれる野生動物の問題にも対処することができなくなれば、住民は耐え切れず、故郷の地を離れるしかない。

しかし、人がいなくなれば、野生動物との間に築いてきた「防衛ライン」が崩れるので、野生動物はいっそう人の居住地へと近づいてくる。すでに、西日本のイノシシは市街地の中を徘徊するようになり、東北地方でも、クマが昼間の市街地に出没している。もはや野生動物の問題は農業被害の段階を越えている。

私は、これからの時代に必要なことは、野生動物と棲み分ける「防衛ライン」をもう一度しっかり作りあげることにあると考えている。それをどこに作るかという議論は、前述した「国土のグランドデザイン」構想や、地域再生プランという、社会全体の大きな議論のテーブルの上で、話題の一つに入れていかなくてはならないと考えている。

棲み分ける

　では地域再生を踏まえて野生動物との棲み分けを可能にするにはどうすればよいのか。私は、若者を呼び戻すしかないと考える。さらに若者を誘致できる産業とは何かと考えれば、やはり農業しかないだろう。

　そう期待する理由の一つは、近い将来に、地球全体で食糧危機が訪れるとの予測にある。日本の人口減少とは逆に、世界の人口は現在の七一億人から二〇五〇年には九五億人を超えると予想されている（総務省統計局HP「世界の統計」のページ www.stat.go.jp/data/sekai/0116.htm 参照）。さらに、気候変動に関する政府間パネル（IPCC）は、温暖化の影響を受け、地球全体で不安定化する気象条件によって食糧生産が乱れ、その供給が追い付かなくなると予測している（環境省HP「地球温暖化対策」のページ www.env.go.jp/earth/ondanka/knowledge.html 参照）。このことからも、将来に向けて農業の必要性は確実に大きくなり、生産力のある日本の農地は国際的にも大きな可能性を秘めている。その意味で日本の農業は必ず再生されると期待している。

　もう一つの理由は、若い労働力が農業に参加するようになれば、あふれる野生動物を奥山へと押し戻す原動力となり、野生動物との間の「防衛ライン」を再構築する可能性が期待できるからである。現在（二〇一五年）、TPPをはじめとする国際貿易交渉が盛んになっているが、世界市場で競争に耐える農業経営を展開するのであれば、野生動物の被害などというリスクを背負っているわけにはいかない。あらかじめ予防的な被害対策というものをセットした農業生産にとりくまなくてはならない。

具体的にいえば、農地を取り巻く環境を、野生動物が出没しにくい環境へと転換することである。圃場は樹林地から距離を置いて配置し、背景の樹林に獣が潜まないよう必ず藪の刈り払いを行う。また、被害の予想される時期には、訓練された犬を使って獣を追い払う。さらに必要な個所には柵を設置して獣を排除し、それでも出てくる加害性の強い個体は確実に駆除する。こうした一連の予防的対策を農業の一環として取り込み、若い農業者が活発に農業を展開するならば、野生動物との棲み分けは実現するに違いない。

このことは絵空事の空論でも目新しい話でもない。ほんの半世紀ほど前の日本で、集落に暮らす人々が互いに助け合って実行していたことである。その生活技術を現代に復活させることは、決して不可能ではない。

獲る体制を創る

前述のとおり、人馴れが進み、昼間から集落に出てくるほどに加害性の強くなった個体は、捕獲して除去しなければならない。また、適度な捕獲を続けないと数が増えすぎてしまうシカやイノシシは、奥山に出かけてでも獲らなくてはならない。ただし、里付近での捕獲には、一工夫あったほうが良い。

現在、猟師が減少するので、農家の方々に補助員としてワナ捕獲に参加してもらうとか、自らワナ免許を取得してもらうことが推奨されている。しかし、本来なら、里近くに獣が潜むことこそ阻止しなくてはならないので、農地や集落の付近では、銃や犬を使った騒々しい捕獲を実施するほうが効果的である。猟犬に追われ、銃の発砲音で脅されれば、農地周辺に居座る野生動物の心に警戒心を植えつけることができる。こうした捕獲のイベントを繰り返し継続すれば、潜在的な被害の抑制に一役買うことができるだろう。

すでにふれたように、現在、高齢猟師の頑張りによって、全国で、シカ三六万頭、イノシシ四七万頭が捕獲されているが、それでも減少の兆しはみられない。『野生動物管理のための狩猟学』(梶ら、二〇一三)の中で警告されているように、猟師たちは順次引退していき、近い将来、捕獲の実行力も失われるであろう。こうした現実を前にして、どのような捕獲体制が実現可能であろうか。

狩猟とは、急峻な山に分け入って銃を扱う、困難で危険な仕事であり、若者に無償奉仕を期待するようでは現実味がない。現在の高齢猟師が消えてしまう十数年先にこれを実行できるのは、職業として捕獲を遂行するプロの組織である。

職業として捕獲を遂行する組織とは、鳥獣保護法の特定計画に基づく個体数調整(管理捕獲)

や農地や市街地で発生する有害捕獲について、行政からの指示に基づいて捕獲を遂行する組織である。ある者は里や市街地に出没する獣の捕獲を任務とし、ある者は高山の生物多様性保全を目的としたシカの密度管理を任務とする。その任務は個体数管理にとどまらず、捕獲の効果のモニタリングも含めたらよい。

銃やワナを扱う以上、安全管理には細心の注意を払わなくてはならない。その特殊性を考えると、私は、県警の山岳救助隊、消防のレスキュー隊、あるいは救命救急医療チームのように、問題解決に向けて日々の訓練を欠かさないような、しっかりした組織が理想であると考える。また、高山に分け入って銃を扱う高度な職人集団であることを求める以上、組織は特定の山岳地域に密着する形で配備し、技術を継承させていく体制を作り上げていくほうが、無駄がない。

実は、それぞれの地域の独特な地理的条件の下で、もっとも合理的な捕獲の方法を作り上げてきたのは地域の猟師達である。高齢化のために伝統猟法の継承ができなくなったという話をよく聞くが、可能性があるのなら、最後の猟師が現役でいるうちに後継体制を作り上げ、次世代に引き継いでおくべきである。

猟師の勘所を継承するモニタリング

昭和の終わる一九八〇年代末頃までは、鳥獣行政の現場とは、猟師の経験則に基づく勘に任せて野生動物を捕獲し、自主的な狩猟制限によって保護もしてきた。その猟師の経験則に基づく勘とは何かといえば、頻繁に山に入り、発見した痕跡の数や出会った野生動物の目撃数に基づく情報分析である。これは現代の特定計画制度で実施されているモニタリング調査の手法と基本的に変わりがない。違う点は、観察した情報をきちんと記帳し、統計的検証のために処理するか否かだけである。

この数十年、日本でも野生動物の個体数を調べる調査法の開発が盛んに行われてきた。しかし、どんなに頑張っても、急峻で奥深い山の中に暮らす野生動物の個体数を精度高く把握することができない。その理由は、対象動物の生態的特徴から、あるいは調査にかけられる費用と労力の限界から、精度の高い統計解析に期待される十分なサンプルが得られないことによる。その結果、現在では、一人一人の猟師の出猟日数あたりの目撃頭数や捕獲頭数のデータを収集し、それを密度の指標として統計処理にかけるようになった。

こうした手法が採用されるのは、結局のところ、猟師の出猟頻度のほうが、限られた調査を実施するよりも、はるかに広域に、より多くのサンプルを得られるとの判断による。その意味では、新たに作り上げる捕獲体制には、野生動物の観察データを収集する実行部隊としても期待したい。

大事なことは、頻度高く、繰り返し同じ山に入ることである。そこで経験あるいは観測した情報を、統計的に比較できる形で整理していくことである。その意味では、より頻繁に山に入る森林管理署員や森林組合の作業員、あるいは自然公園の専門官が、本来の任務を通して野生動物の情報を取得してくるような工夫があってもよいだろう。すでに紹介したように、ドイツの森林官は、森林の巡回を通してシカの食痕の出現頻度を観察し、シカを捕獲する必要性の有無を判断する。そこでは大がかりな密度調査を行うわけでもない。これはきわめて合理的なやり方である。

資源利用で資金を生み出す

捕獲にしても、耕作放棄地や背景の樹林の藪の刈り払いにしても、獣害対策には、毎年、実行予算が必要となる。これを、減っていく住民の税収のみに頼っていたのでは先がない。できれば、獲った動物も、刈り取った草木も、資源として利用する社会を作り上げて、その収入で、野生動物の対策費用を補完するようにしたい。

これからの時代に地球規模の人口増加と食糧危機は避けられない。ＦＡＯ（国際連合食糧農業機関）では真剣に昆虫食を検討しているほどである。それにもかかわらず、日本では、今後、年百万頭以上も駆除していかなくてはならないイノシシやシカの多くを、予算を使って埋設あるいは焼却処分し、ただ廃棄している。この矛盾は早々に改善するべきだろう。適切に処理された野生動物の肉は栄養価も高く、たいへん美味である。こうした肉を、高級レストランのジビエ料理にとどめておくのではなく、ごく普通に学校給食や一般家庭の食卓にのぼるような社会の仕組みを作り上げなくてはならない。

重要な点は、野外で捕獲した後、解体し、食肉にしていく過程で、保健衛生上の安全を確保することにある。すでに農水省では、野生動物の食肉利用を促進するための「野生鳥獣被害防止マニュアル　捕獲獣肉利活用編　シカ、イノシシ」を作成して、ホームページ（www.maff.go.jp/j/seisan/tyozyu/higai/h_manual/h23_03/）で公開している。そこでは、関係する法の遵守、各作業行程での留意点、市場開拓に向けての留意点まで、細かく書かれている。近い将来、職業的な捕獲組織を生み出す以上、そこに集まる捕獲の技術者は、この保健衛生上の技術についても確かなものにしておくことである。そのうえで、地産地消にとどまらず、海外市場まで視野に入れた展開を期待したい。

一方、農作物の非利用部分、集落周辺の樹林地の藪、耕作放棄地や河川敷に繁茂する草木、森林施業で出てくる間伐材や枝葉、増殖する一方の竹林、空港や都市の造園植物の維持管理まで、毎年、確実に大量の植物廃棄物が生産されてくる。それらは放置して土に返すか、予算を使って焼却処分されている。これについても、資源として利用することができれば、毎年の刈りはらいにかかる予算をカバーすることができる。

こうした動植物に由来する有機物資源はバイオマスと呼ばれており、バイオマス・エネルギー活用についての技術開発はすでに始まっている。早く、社会の隅々で、より効率の良いエネルギー源として活用される時が来ることを期待する。

おわりに

野生動物の仕事は、世の中のさまざまな分野に比べて専門性が高すぎるわけでもなく、難しいものでもない。ただ広い自然界の出来事であるので、予測がたちにくく、常に不確実性と背中合わせである。また、生命を扱う仕事、殺生を伴う仕事であるから、いささか嫌われる分野であるのかもしれない。しかし、後回しにするほど問題は大きくなり、すでに社会の大きな負担となっている。

こうした不確実性を伴う問題への対処には、ＰＤＣＡという考え方がよく合致する。この卓越した考え方はシューハートというアメリカの統計学者が九〇年も前に製品管理を目的として考案したものであり、継続的に有効な改善を加えながら業務を遂行していくシステムとして、今では現代社会の様々な分野に取り入れられている。計画を作り（Planning）、実行し（Do）、モニタリング調査を行って効果を評価し（Check）、計画を修正して（Action）、次につなげていく、この一連の作業の循環は、それぞれの頭文字をとってＰＤＣＡと呼ばれ、ネットで検索すればたくさんの情報があふれている。

鳥獣保護法に特定鳥獣保護管理計画制度が生まれて一五年ほどがたち、二〇一四年には鳥獣保護管理法として改定された。自治体では、野生動物の出没地点、被害、捕獲といった情報を蓄積することくらいは、通常業務になってきた。そこに読み取れる野生動物の動向と、人の活動や環境の変化を比較するだけでも、なんらか対策のヒントをつかむことはできるだろう。ともかくモニタリングをしながら先に進めることである。相手は自然界の生き物なので、放置しているとリスクはどんどん大きくなり、対策にかかるコストも大きくなってしまう。

ところで、深刻な問題はその先にあるようだ。すでに述べてきたように、野生動物の問題は広範な分野に関係するので、効果的な対策につなげるには、分野横断的な相互の理解と調整が欠かせない。例をあげれば、シカを減らす捕獲の許認可は鳥獣行政の管轄であり、シカに餌を供給して増やしてしまう森林伐採の関係は森林行政であり、牧場の管理は農政の分野である。また、カワウの問題で見てきたように、河川の管理は国交省で、水産資源の管理は水産庁の管轄である。こうした野生動物に関連するさまざまな分野が相互に補完的に機能するようにして、実質的な効果をあげることが理想である。ところが、現実には行政の縦割り体質のために、実現されないことが多い。

「縦割りの壁」というものが行政組織の厳然と続く伝統であるならば、私は無理な要求をぶつけているのかもしれない。しかし、その調整ができないかぎり、野生動物問題の出口は見えて来ない。そして、問題解決の見通しがたたないプランでは、財政を説得して予算を確保することができない。現実には、あふれる野生動物によって鳥獣行政の仕事は増える一方であるにもかかわらず、将来に向けた問題の深刻さが理解されずに、担当者の人数も減らされている。

こんな、いつの間にかかみ合わなくなった状況の下で、残念なことに、市町村は県に、県は国や市町村に、国は県に対して、互いに強いフラストレーションを抱えている。「予算も確保できないのに面倒ばかり押しつけてくる。」「相手はやるべきことをやってくれない。」といった不満の声が絶えない。

当然、地元からはあふれる獣による問題を解決しろと突き上げられるので、落ち着いてモニタリング調査を実施する余裕もなく、問題の本質がどこにあるかを探り当てることもできないまま、ただ「害獣を捕獲する予算」だけが確保される。それこそがもっとも議会を通りやすいシナリオということになってしまっている。

再度、申し上げるが、これまでの歴史においてひたすら問題を解決してくれていたのは猟師達によるコンスタントな捕獲のおかげである。しかし、彼らが高齢化して確実に消えようとしている現実を前に、この先につながる計画が描けなければ、どんなに高齢猟師が最後のがんばりを見せてくれたとしても、野生動物の増殖を抑えることはできない。そして、毎年の予算は不毛な結果につながっていく。この税収難の時代に、わかっていながら野放図に無駄を続ければ、この国はいずれ破綻するに違いない。

こうした行き詰まった事態を打開するには、まずは鳥獣行政のPDCAシステムを定着させて、問題解決の道筋を描くことである。そして、そこから生まれる方針を地域再生の一環として背負っていくことである。さらに、行政組織は縦割りの壁を越えて、国、都道府県、市町村が同じ目的に向かって事に当たることである。誤解のないように加えるが、求めていることは環境問題の解決であって、地方自治の推進に反する方向を意図しない。そんな我が国最大のイノベーションに見通しがたった時、初めて、事態は効果的に動き出すに違いない。

文献

鷲谷いづみ（一九九九）『新・生態学への招待　生物保全の生態学』、共立出版
大泰司紀之・本間浩昭（編著）（一九九八）『エゾジカを食卓へ―ヨーロッパに学ぶシカ類の有効利用』、丸善プラネット
高槻成紀（一九九二）『北に生きるシカたち』、どうぶつ社
辻岡幹夫（一九九九）『シカの食害から日光の森を守れるか―野生動物との共生を考える』、随想舎
古林賢恒・山根正伸・羽山伸一・羽太博樹・岩岡理樹・白石利郎・皆川康雄・佐々木美弥子・永田幸志・三谷奈保・ヤコブボルコフスキー・牧野佐絵子・藤上史子・牛沢理（一九九七）『ニホンジカの生態

と保全生物学的研究―丹沢大山自然環境総合調査報告書』、神奈川県環境部
田村　淳（二〇〇七）「ニホンジカ採食圧下における自然植生の保護」、森林施業研究会編『主張する森林施業論―二二世紀を展望する森林管理』、（株）日本林業調査会
依光良三（編）（二〇一一）『シカと日本の森林』、築地書館
湯本貴和・松田裕之（編）（二〇〇六）『世界遺産をシカが喰う―シカと森の生態学』、文一総合出版
森林施業研究会（編）（二〇〇七）『主張する森林施業論―二二世紀を展望する森林管理』、（株）日本林業調査会
畠山重篤（二〇〇六）『森は海の恋人』（文春文庫）、文藝春秋
梶　光一・伊吾田宏正・鈴木正嗣（編）（二〇一三）『野生動物管理のための狩猟学』、朝倉書店

第六章　東日本大震災と動物

高槻　成紀

一　悪夢

悪夢

私は三十代以降、ときどきある夢を見るようになった。年に一度見るか見ないかのごく稀なことなのだが、同じ夢を見て朝、目が覚めるのである。目が覚めるのは、異常に強い光が空を被ったために、瞼を通してもまぶしいためだ。それは原子力発電所が爆発したためなのであった。

「ああ、ついに恐れていたことが起きてしまった。」

そう思って、脂汗をかいて起きると、それは夢であり「ああ、よかった」とほっとして床を出るのだ。

鳥取県に生まれ育ったから、「ヒロシマ」の体験はいろいろな形で聞いていた。私の叔父は中国山地の山中でピカドンを見ている。小学校の頃に団体で映画を見に行くということがあり、そのひとつに原爆関係の、暗い、深刻な映画があった。ラジオからも悲惨な被爆体験の放送が流れていた記憶がある。そうした記憶と、私の意識に中に、いつのまにか原発に依存的になってしまった今の社会を、ずるずると容認したような形でここまで来てしまったことに対する後ろめたさのようなものがあることは確かで、それがあの夢になって現れるのだろうかなどと考えていた。

二〇一一年三月一一日、その悪夢が現実に起きてしまった。あの日、私は津波の報道映像に釘付けになっていた。そうした中で、ついに発電所で爆発が起きたらしいという報道を目にすることになった。しかしそれは私の夢とはまったく違い、タテヤと呼ばれる建物が軽く揺れただけに見えた。爆発で閃光が光るわけでも、空が黄色になるわけでもなかった。そのことで、大事ではなかったと思いたいような心理があったことは否定できない。しかし、頭では

「これはただならぬことなのだ。放射能が撒き散らされたのだ。」

と考えていた。ただ、それでも「日本のすることだから、技術面で旧ソ連のようなことはあるまい。第一、チェルノブイリ原発事故後、基準もきびしくなっているに違いない」という根拠のない楽観もあった。

だが、それはあっさり裏切られ、「レベル七」と報じられるに至って、目の前の現実が逃れよ

うのないものであることを知らされた。

このことと動物にどういう関係があるのだろうか――読者はいぶかしく思われるに違いない。だが、私の中では原発事故と動物、とくに野生動物の問題は現代日本の社会が孕《はら》むある傾向によるものだったという意味で、ひとつのものとして捉えることができる。多くの人が、原発事故に直面したとき、それぞれの立場で「もしかしたら、あのことがこの事故を起こすことにつながっていたのではないか」と思っていることがあるはずだ。これから書こうとしていることは、それを、日頃動物のことを考えている者が感じたことである。

とはいえ、私は原子力のことはしろうとだし、特別の情報を集めたり、勉強会に参加したりしたわけでもない。通常の報道を見聞きし、原発事故や津波事故についての多少の書物を読んだに過ぎない。したがって情報はその範囲に限られるが、原発事故の問題が動物との関係で論じられることがあまりないので、この三年あまりに考えたことを、本書の文脈に沿いながら書いてみたい。

被害と加害の関係

原発事故による放射能汚染はたくさんの被害者を生んだ。このことはまちがいないことだが、「被害者」を定義しようとすると、その内容がきわめて複雑であることがわかる。被害とは加害されることであり、暴力犯罪であれば加害者と被害者が明確に区別される。しかし震災による原発事故はそう単純ではない。まず稀有な地震が起きて、千年に一度という大津波が発生した。これによる被害者は天災、つまり自然災害による日本人全体といえるだろう。

しかし、私たちは岩手、宮城、茨城などの人は震災の被害者で、そのことの間接的な影響で日本全体が被害を受けたとは考えるが、こと原発事故に関しては直感的に東京電力（東電）が加害者で、おもに福島県の人々が被害者だと感じる。それは、原発事故が人災だからである。地震と津波は日本列島の歴史の中でずっと起きて来た天災であるが、放射能汚染は自然界にないものであり、その意味で天災ではありえず、まぎれもない人災である。

東電の関係者は自分たちを被害者と考えるかもしれないが、それは相手を地震や津波と見ているからであり、その意味でそれは正しいのだが、人災としての放射能汚染を起こしたという意味ではまちがいなく加害者である。つまり東電関係者と自然の関係と、東電と住民の関係によって被害、加害の関係が変わるということである。

この構造は必然的にさらに広く考えないわけにはいかない。放射能汚染は日本列島の内部にとどまることはありえず、急速に、あるいは時間をかけてかもしれないが、大気を通じて、あるいは海洋を通じて拡散してゆくであろう。そのように考えれば、我々日本人が地球に対する加害者であるということになる。私たちは現実には放射能により迷惑を被ったのであるが、原発に依存する社会を作ったのは私たち自身であり、そういう政策をとった政治家を選挙によって支持して来たのであるから、日本が地球を汚染したという構造から見れば、日本人は加害者ということになる。旧ソ連のチェルノブイリで原発事故が起きたとき、私たちは被災者の悲運に同情しながらも、心の片隅に「ひどい国だ」とか「えらいことをしてくれた」という気持ちがなかっただろうか。世界は日本をそう見るであろうし、今回はその上に「チェルノブイリの教訓を活かさなかったのか」というさらなる批判が伴うに違いない。

動物の汚染と「被害」

原発事故以来、私がずっと違和感を持ち続けてきたことのひとつに、野生動物の消費と流通の問題がある。消費はハンターが自家消費してもよいかどうかという問題であり、確かにこれまで食べられたものが放射能汚染によって食べられなくなったのだから、被害である。この問題はそこで終息する。しかし流通は、要するに福島県の野生動物を他県に出荷してもよいかどうかという問題である。線量が一定基準よりも高ければ出荷禁止となった。農作物などと同じである。そうすると、それによって収入を得ていた人は減収になり、消費者―基本的に都会生活者とみてよい―も食べたいものが食べられなくなるので、お互いが被害を受けるということになり、被害の範囲が拡大する。私が違和感を感じるのは、この「被害問題」がとりあげられるとき、被爆した野生動物が被害者だという論調がまったくないという点である。

このことは前述の被害と加害の構造のとらえかたとも対応する。放射能汚染は起きてしまったこととして、そのあとのことだけを考え、それをおもに消費者の立場からとらえれば、食べたい物が食べられないという迷惑が発生したということになる。そして、「だから東電はけしからん」ということになる。一方、ハンターは売れるものが売れないから困ったことで、やはり「東電はけしからん」ということになる。

しかし、ことの本質はそこにあるのではない。そういうこともあろうが、それは金額にすればせいぜい数百万円といったものではあるまいか。だが、この問題の本質は、日本社会が阿武隈山地という麗しい土地をはじめとする広い範囲の土地、そこにすむ野生動物を放射能で汚染したという、これまでに経験したことのない人災を起こしたということにあり、それはお金にすれば数兆円とかそれをはるかに上回る額になるだろうし、そもそもお金に換えることなどできることではない。この大問題を食品の流通という次元に下げて論じるのは――おそらく意識してのことではないだろうが――問題の矮小化である。

問題を矮小化して食物としての流通を取り上げ、ことの本質を捉える意識の欠如は、原発事故が日本列島を汚染したことの列島史の中に位置づけるべきという意識の欠如に通じるし、さらには、地球を汚染したという、加害者としての意識の欠如にもなっている。

私は現代社会においては政治家はもちろんだが、ある面ではそれ以上に報道者を国のリーダーとみなすべきだと思っているが、その両者にこのような視点がまったく欠如していることに暗澹たる気持ちにならないではいられない。すぐれたリーダーのいない社会は悲惨である。

二　原発事故と動物

原発事故と家畜

原発事故と動物との関係に関しては情報が限られるのだが、家畜についてはいくつかの調査がおこなわれている。それらを参考にしながら、当時何が起きたかを考えてみる（今本、二〇一三、佐藤、二〇一三）。

東京電力はいうまでもなく、国からも正しい情報が迅速に伝えられなかったために混乱が増幅した。人が立ち退かなくてはならなかった範囲―その範囲も呼び方も猫の目のように変わった―そのものも拡大していった。ただちに広い範囲の住民に退去命令を出した海外の政府とは大違いであった。これだけの大惨事を的確にとらえることができないまま、あたかも海外の動きを「大袈裟だ」といわんばかりであった。家畜を飼育していた人々も指示がないまま混乱した。

こうした中で四月二二日からは警戒地区が立ち入り禁止になった。混乱の中で家畜への対応も足並みが揃わなかった。一番多かったのはすぐに戻るというつもりで、家畜を畜舎においたまま退去したというケースである。しかしすぐには戻れなかったため、多数の家畜が畜舎で餓死した。それは見るも惨めなものであった。すぐには戻れないかもしれないと判断した人の中には、家畜を畜舎から出して野外で草を食べさせることにした人もいる。

その後、五月十二日になって原子力災害対策本部長から福島県に対して、当該家畜の所有者の同意を得て、安楽死処分すべしという内容の指示が出た。その結果、ブタ三万頭、ニワトリ六八万羽が殺処理された。ただし「野馬追い」という祭りに使われるために飼育されていた特別なウマ二八頭は保護された。

問題はウシである。ウシは警戒地区に約三五〇〇頭が飼育されていた。ウシを飼う畜産農家の中には、立ち入り抑制の指示をあえて無視して餌をやりに毎日通った人もいる。そういう人たちには、どうせ安楽死させるのであれば事故直後のほうがまだよかったという思いはあるであろう。またこの二ヶ月は一体何だったのかという思いもあるだろう。

そこには、家族のように愛情をかけて育てたウシに対する、自分たち自身の気持ちとの葛藤があったに違いない。畜産業は産業である以上、生産して消費者に売ることを生業《なりわい》とする。そうであれば放射能汚染されて商品価値がなくなった家畜は処分するしかないということは頭ではわかる。しかし、それは職人が作った工芸品とは違うはずであり、ましてや大量生産された工業製品とはまるで違うものでなければならない。少なくとも自分たちはただ金儲けのためにウシを飼っていたのではないという、職業そのものに対する誇りを否定された無念の思いがあったはずである。

酪農家の菅野重清さんが自殺に追い込まれるという悲劇が起きたのだが、畜舎に「原発さえなければ」と書いてあったことが、私たちの胸に突き刺さった。

原発事故とペット

家畜は産業であるから頭数は把握されているが、ペット（愛玩動物、伴侶動物などともいう）はそもそも頭数がよくわかっていない。ペットが遭遇した悲劇については多数の書籍が出版されているが、私が読んだ範囲では悲惨さや悲しみを記述したものばかりで、何が起きたかの客観性を記述したものはない。

はっきりしていることは、ペットがおもに三つの運命をたどったということである。ひとつは相当数のイヌやネコが室内に放置されて、餓死したということである。このことは飼い主にも深い傷を残したに違いない。二つめは、飼い主を失って野外で「野良」化したものも少なくないということである。ただし、この過程でうまく生き延びることができずに死んだペットもいたことであろう。そして、三つめは、保護されて施設に送られたということである。なお仮設住宅は基本的にペット飼育禁止であったから、泣く泣く施設に手渡すということも起きた。一部の市町村ではペット飼育を容認したが、苦情があってトラブルが発生した。

それらの正確な数はわからないが、以下、朝日新聞の「プロメテウスの罠」の取材記事を参考に記述する。福島県の推定によると、警戒地区には一万匹程度のイヌがおり、事故後、飼い主と避難できたのが三〇〇匹ほど、四分の一ほどは津波や地震で死亡、取り残されたものが七〇〇〇匹程度であろうという。仮設のシェルターに収容された数は一時帰宅後の六月上旬にイヌ一四六匹、ネコ四七匹となり、対応者は大忙しとなった。シェルターの環境は劣悪であったが、関係者の努力で、最大限の改善がなされた。そして一時帰宅が一巡した八月末までに約四六〇匹が保護されたという。

これら保護活動にボランティアの貢献は大きかったが、問題も生じた。人の命が危険にさらされている状況でペットの保護をすること自体が本末転倒と受け取られることもあった。ペット保護のために違法行為を承知の上で山道を利用して区域内に入る人もいた。その結果、善意で保護したつもりでも、飼い主にとっては誘拐同然であることもあったし、ペットのために餌をまいた結果、敷地内にタヌキや家畜が入って苦情を言う人もあった。

冬が近づくと越冬の問題が危惧され、環境省が動いて、民間十六団体にペット保護目的での立ち入りを認め、イヌ二八四、ネコ二九八匹を捕獲した。しかし捕獲には限界があり、翌二〇一二年になると、野良犬、野良猫の次世代が産まれた。十一月に三三〇匹が捕獲されたが、イヌ一〇〇匹、ネコ数百匹が残っており、九月にイヌ一匹、ネコ一三一匹が捕獲された。三春町では十二月時点で二七〇匹のネコが収容されていたが、三分の一ほどは震災後生まれと推定された。

被災犬のリハビリテーション

シェルターといっても多数のペットを継続的に飼育することはできない。引きとり手を捜し、なければ処分することになる。私が二〇一五年三月まで奉職していた麻布大学では震災の被害ペットに取り組んだ研究室がある。獣医学部の動物応用科学科にある伴侶動物学研究室では、被災犬を引きとり、里親が見つかるまでリハビリテーションをおこなっている。引きとられたばかりのイヌの多くは、痩せて、毛並みも悪く、おどおどして、不安げであった。制服を着た人を見るとおびえるイヌもいたという。それぞれのイヌがどういう経過をたどり、どういう体験をしたかは知るよしもない。この研究室では、実習として一匹のイヌを数人の学生に責任をもって回復をはかるようにさせた。

麻布大学の学生はもともと動物好きで、イヌにもやさしく接したいという人が多いので、この方針は自然に受け入れられた。だが、通常の実習ではマニュアルにしたがって実験をするのに対して、これにはできあいのマニュアルはない。しかも実験のように「失敗でした」ではすまされない。実際問題として指導教員にとっても初めてのことだから、「こうしなさい」というものはない。教員も学生も手探りの真剣勝負に取り組むことになった。

ところが、若い人の可能性とはすばらしいもので、そのような実習は通常のものより困難であったにもかかわらず、積極的にとりくみ、実際によい効果が得られた。イヌの尿中のコルチゾールというホルモンを調べることで、イヌの不安状態を指標できることがわかっている。学生がイヌにやさしく接してリハビリをはかると同時に、コルチゾールの量を測定した。引きとられた当初は通常の五倍から十倍もあったコルチゾール濃度が、リハビリをする中で徐々に下がり、安定していったことがわかった。そういうイヌの中に「ゆき」という名前をつけられたイヌがいた。引きとられた当初は痩せて、いかにもおどおどしたようすだったが、リハビリのあとでは見違えるように健康そうになり、表情も穏やかになり、当初とはまったく違うものになった。世話をした学生にもとてもよい体験になったようだ。被災に対する貢献といってもそれぞれにさまざまな事情もあり、現地に直接行くことができない人も多い。また経済的にさほど余裕のない学生であれば、拠金にも制約がある。そうした中で動物学系の大学でイヌの行動を学ぶ学生が、被災犬の心身を世話をして回復したということに、心温まる思いがした。

ホルモン量を測定することも多くの学生の協力があって可能だったことであり、その成果は学術雑誌にも掲載された（Nakagawa et al., 2012）。もちろん大学が預かって里親に引きとられたイヌの数はそう多くはない。しかし、未曾有の大災害に対して何とか力になりたいと思いながら、なかなかそうもできず、かといって醵金だけではどうも実感がもてないというもどかしさの中で、ほかの人にはできない体験をできたことは学生にとっても充実感があったようである。

災害に対する備え

それにしても思うのは、私たちの社会はこうした出来事に際して、ペットをどうすべきかにまったく備えをしていないということである。ほとんどの人は例えば安楽死という選択を考えたことはないであろう。しかし今回の事故は、ペットを飼う上では、不測の事態が起こりうるのであり、そのための備えをする必要があるということを教えている。

個人の力では災害に備えることがむずかしいとすれば、では体制としての備えはどうあるべきだろうか。日本列島は災害列島なのだから、いつどこでもこうした大災害は起こりうる。では有事の際、行政がペットを引きとることができるだろうか。それはひとつの選択肢として検討すべきことである。しかし、私はペット産業が今や大産業なのだから、たとえばペット産業を主体として保険のようなものを用意して、事故が起きて飼育ができなくなった場合に、ペットを収容する施設や体制を整えるということを考えたらよいと思う。火災や自動車事故に対してはさまざまな保険制度があるのだから、ペット産業でできないはずはないと思う。ペットを飼うということは命に責任を持つことであり、死を迎えるまで飼育することである。事故はそのような、本来飼育がもつ責任が遂行できなくなることと位置づけなければならない。今回の混乱は、飼育者が衝動的に飼育を始めるとか、飼育がうまくゆかなくなって放棄するといった飼育の姿勢が正しく教えられていないことに起因する部分もあるだろう。その意味で、飼育についての正しい知識や姿勢を学ぶ機会を作ることも、社会的存在としての企業のもつ責務のひとつだと思う。

ペットと災害

私は野生動物を研究しているが、その立場で家畜やペットの被災を目の当たりにすると複雑な思いを抱かないではいられない。放射能汚染はきわめて特殊なことなので、大地震の場合を考えてみたい。阪神淡路大震災のときも、同じようにペットが飼い主から離されて保護されるという事態が起きた。人間に犠牲者がでる大惨事であるから、人命救助が最優先されるのは当然のことであるが、飼育動物にたいしてもできるだけ手を差し伸べるべきである。

そもそも飼育動物は人間のために品種改良された動物である。その程度はさまざまだが、多くの動物は人の世話がなくては生きていけない。あるいは、そこまで人に依存的になったから、家畜としては優秀であり、ペットとしてはかわいがられるということであろう。ミルク製造機のようなホルスタイン牛や、走るためだけに生かされているサラブレッド、小型化したために出産が困難になったチワワなどは品種改良の極限に達した動物であるとの感がある。彼らの生涯はまったく人間のためにあり、その生活は人間の世話なしにはなりたたず、野外に放たれれば生きてゆけないであろう。そのこと自体の是非は措いても、そこまでの改良をした動物は人が責任をもって世話をしなければならない。この点、同じペットでもアライグマなどは違う。アライグマは品種改良されていない野生動物そのものであり、幼いときから飼育すれば飼育が可能であるというだけである。

こうした動物が自然災害によって飼い主から手放されたとき、そこには悲惨な運命が待っている。それは、自らの力では生きられないように改良されたにもかかわらず、見捨てられるということである。飼育動物は飼い主に臨終を看取られることで、飼い主も動物も幸せであると感じられる。しかし飼育動物であるにもかかわらず、災害によって見捨てられるのは、人間の意図によって自分では生きてゆけない「変形」を強いられた上に、看取られることが果たせないという意味で、二重の悲劇を味わうということになる。見捨てられた飼育動物の生とは一体どういう意味があるのだろう。

野生動物も大震災の影響は受ける。津波に飲まれた動物もいただろう。しかし、野生動物は、その進化史を考えるなら、無数の自然災害を体験してきたに違いない。この点、飼育動物にとっての災害の意味はまったく違うものである。東日本大震災は飼育動物について考えさせられる機会にもなった。

原発事故と野生動物

福島の原発事故による放射能汚染が野生動物にどのような影響をおよぼすのかについて、これまではっきりわかったことは少ないが、徐々にわかってきたこともある。サル（ニホンザル）について、日本獣医生命大学によって、精力的な調査がおこなわれている。それによると、線量がさほど高くない福島市のサルでさえ、筋肉内の被爆量が高く、血液中の白血球の量が青森県のサルよりも低かったという結果が得られている（Hayama et al. 2013）。警戒地区など、線量の高い地域にもサルはいるが、調査ができないために何が起きているかはわからないままである。しかし部分的におこなわれた線量調査では二〇一二年三月六日には五万三六〇〇ベクレル／kg、十二月十一日でも二万三六〇〇ベクレル／kgもあったという（今野、二〇一三）。これは福島市のサルの線量レベルである数百から一〇〇〇ベクレル／kgの二〇倍以上（三月であれば五〇倍以上）という恐るべき線量レベルである。放射能汚染によってガンの罹患率が高まるとか、遺伝子に悪影響がおよぶといった直接的な影響については、これから追跡調査を行う必要がある。

狩猟獣の肉の線量調査は農産品と同列の扱いとして調べられている。それによれば、平成二三年度はイノシシで高い線量値が得られ、とくに原発に近い相双地区（相馬と双葉）では検査した一六頭のイノシシのうち一二頭が暫定基準値（五〇〇ベクレル／kg）を超え、なかには五七〇〇ベクレル／kgという高い線量値を示した個体もあった。ここにはクマ（ツキノワグマ）はいないが、県北ではクマ四頭のうち二頭がこの基準を超えたため、摂取制限あるいは出荷制限が指示された。平成二四年度の結果は相双地区のイノシシは七八頭のすべてで基準値（基準値は変更され、一〇〇ベクレル／kgとされた）を超え、最大値は六万一〇〇〇ベクレル／kgを記録した。基準がきびしくなったためと思われるが、出荷制限はイノシシ、クマ、ノウサギ、キジ、ヤマドリ、カルガモにおよんだ。平成二五年度は九月五日現在までの情報しかないが、相双地区のイノシシは四頭のうち三頭で基準値を超え、最高値は二万ベクレル／kgであった。

これらの情報をみると、確かに相双地区と県北の野生動物の線量値が高く、土壌中のそれとほぼ対応している。だが、イノシシがとくに線量値が高いことの生物学的理由はよくわかっていない。チェルノブイリ原発事故で汚染されたドイツでの調査によるとイノシシの線量値が高いのは、地下にあるトリュフというキノコの一種を食べるためらしい。このキノコはセシウムをよく取り込み、イノシシは鋭い嗅覚でこのキノコを掘り起こして食べる。現在、セシウムは地下一〇センチほどに沈んでおり、トリュフがこの深さに生育するために高線量になると説明されている。日本のイノシシがキノコを食べるという情報はないが、植物の地下部を食べることは知られている。今後はそのような調査によって、イノシシの線量が高い理由が明らかになるかもしれない。

ネズミでも調査がおこなわれており、福島原発から三〇キロしか離れていない川内村は空間線量が三・六マイクロシーベルト／時間の高線量地だが、ここのアカネズミのセシウム蓄積濃度は平均二九〇〇ベクレル／kgだった。これは七〇キロ離れている北茨城の低線量地（〇・二マイクロシーベルト／時間）のアカネズミの一一〇〇ベクレル／kgよりも大幅に高かった。（山田・長谷川、二〇一三）。

よく知られるように、原発爆破事故直後の空気の動きによって、思いもかけない範囲が汚染された。その範囲は栃木県や群馬県にもおよんでおり、宇都宮大学のグループが日光や足尾のシカの汚染状態を調査している。それによると線量は全体に低く、筋肉では一〇〇ベクレル／kgを超えたものは四％にすぎず、内臓ではすべて検出限界（三五ベクレル／kg）未満であった。しかし足尾のシカの胃内容物では八七〇ベクレル／kgほどで、かなり高く、腸内容物ではさらに高い二六〇〇ベクレル／kgもあった（小金澤ほか、二〇一三）。このことは、シカの食べ物のうち、セシウム137を含まないものがシカの体に取り込まれ、それ以外のものが高線量になって糞として排泄されることを示唆する。したがって、糞を利用する糞虫や、シカが糞をする場所の植物による吸収など、シカをとりまく生態系のつながりを追跡しなければならない。

総じて線量値そのものはチェルノブイリ原発事故後のものよりは低いようである。チェルノブイリではヨーロッパヤチネズミで四〇万ベクレル／kg、イノシシで一九万ベクレル／kg、ノロジカで七万ベクレル／kgなど非常に高い数字が記録されている(ヤブロコフほか、二〇一三)。それは、ひとつには福島原発直近では調査そのものがおこなわれてないことにもよると思われる。実際、双葉町のサルでは五万ベクレル／kgという高い値が記録されている。また注意しなければならないのは、半減期が長い放射性核種では事故後も線量が減少するどころか、むしろ増加する場合もあるということである。ベラルーシのヨーロッパヤチネズミでは、ストロンチウム九〇の線量は事故後五年後よりも一〇年後のほうがほぼ倍増したという。

我が国では繁殖や遺伝に関する情報はまだないが、チェルノブイリ原発事故の報告書（ヤブロコフほか、二〇一三）によると、雄ブタの性巣異常、子牛の体重減少、罹患率上昇、死亡率上昇、ラットの寿命短縮などさまざまな繁殖異常が認められている。また、哺乳類の細胞遺伝学的障害（骨髄細胞中の染色体異常数など）が認められ、生息地の汚染は減少したにもかかわらず、障害は少なくとも二十二世代にわたって継続したという。報告書によればゲノム突然変異の上昇、染色体転座の上昇、ミトコンドリアＤＮＡ突然変異の上昇などが、長い世代にわたって認められているという。比較的知られていることとして、ツバメのアルビノ（白化体）突然変異が高くなったことがある。

情報は限られているが、ひとつだけはっきりしているのは、人は避難したが、何も知らぬ動物たちは、危険な放射能のなかで生き続けており、その子孫たちが生き続けるということである。彼らの生涯がいかなるものになるのか、そのことを正しく記録することは、日本の生物学者に課された重要な課題であろう。

三　里山の喪失と野生動物

日本の農地

そうした、いわば直接的な被爆影響とは別に深刻な問題があることを指摘しておきたい。日本は世界でもトップクラスの工業化の進んだ経済的に豊かな国である。そして国土は狭く、人口が多いから、人口密度は三四三人／平方キロもある。これは世界で五位の高さである。最近の二〇年くらいで中山間地の過疎化が進んだが、伝統的には里山から山地にかなりの高密度で暮らしていた。しかも、日本の農民の勤勉さは世界でもトップクラスである。さまざまな社会的契約や因習は個人の勝手なふるまい、とくに怠惰をきびしく戒めた。農民は寝る間を惜しんで働くのが当然であるとされた。そして、稲作に象徴されるように、きわめて集約的で、手間をかけた農作業がおこなわれてきた。

日本の夏は高温多湿であり、植物はおそろしく元気に育つ。作物も育つが雑草も育つので、草とりは日本の農民にとって重要な農作業であった。植物が豊富であれば、それを利用する昆虫も多く、害虫の被害も深刻である。降水量が多いから洪水や土砂崩れの恐れも、また東北地方や、北海道、中部日本の高地では、冷害の恐れもあった。こうした災害に対しても、日本の農民はきわめて勤勉に立ち向かった。田んぼの水の管理は入念におこなったし、畦の点検、保守もていねいにおこなった。

そうした伝統が長く続いたので、日本の里山は、自然とはいえ、原生的な自然とは大きく違うものになった。それは、集約的な農民の労働によって徹底的に管理された「半自然」ということができる。現代の日本では雑木林はすばらしい自然であるとされるし、雑木林を含む里山も生物多様性のお手本のように評価されている。里山の自然がすばらしいものであることにはまったく異論はないが、その「自然」は原生的な自然とは大きく異なるものであることを知る必要がある。

日本の農業における野生動物との関係

そうした全員篤農家といえる日本の農民が作り上げた里山を野生動物との関係で考えてみたい。

そのような里山にはつねに多くの活力ある農民がたくさんいた。耕作地は作物が植えられた場所であり、それは高栄養な食物が濃密にある場所である。しかしそこには農民が目を光らせているため、動物にとってはおそろしくて近寄れない場所であった。農民は動物がいれば、当然大声をあげたり、石を投げたり、棒をもっていればぶったりした。農作物の生産を最大化することが至上命題である農業者としてそれは当然のおこないであった。

だが、藩政時代、農民は銃を持つことを許されなかった。専門家によると、旧家に残された古文書の中に、シカやイノシシが出て農作物が食べられるから、なんとか退治してくれという嘆願書がたくさん見つかるという。よく知られるように、各地に獣垣《ししがき》とか猪垣《いのがき》と呼ばれる土塁《どるい》が残っている。これらは、銃を持つことを許されなかった農民の、文字通り血と汗の賜物であり、見る者はその執念に圧倒される。私たちがいま見るような重機はなかったのであり、これを作ることがどれだけ困難でたいへんな工事であったか、私たちには容易に想像することすらできない。

獣垣の存在は、勤勉な農民が最大限の努力をして、隙あらば農地に侵入しようとする野生動物とギリギリの緊張関係を維持してきたことを物語る。そうであるから、侵入しようとする野生動物を抑え込む力がなくなったとき、このギリギリの緊張関係のバランスは崩れることになる。そのことは日本列島の豊かな自然がもたらすパワフルな動物のエネルギーであると認識しなければならない。

バランスの崩壊

原発事故と野生動物との関係で私が指摘したいのはこの点である。よしんば阿武隈《あぶくま》山地の野生動物に―それはあまりに楽観的にすぎることであるが―放射能汚染が病理的な害を及ぼさないとしても、動物と人間との関係における深刻なバランス崩壊が起きるのは確実であろう。

阿武隈山地にはこれという高い山がなく、日本の里山の典型といってよい麗しい農業地帯が続く。丘を越えれば落ち着いたたたずまいの集落があり、ゆっくり流れる川をたどれば水田があり、その背後の丘を越えればまた別の集落がある。四季折々に植物が変化を見せる。やさしく、まじめな人々が心から故郷と呼べる、そのような土地である。そこを去らねばならぬ気持ちはいかばかりであったろう。

しかし、この未曾有の事故は人々にそのことを強いた。そして集落は無人と化した。農地とは、肥料を撒き、雑草をとって農作物が育ちやすくした土地である。そこで除草しなければ雑草はおそるべき勢いで繁る。数年たてば低木類が入り、その下には高木の若木が準備されるであろう。それらの種子は風によって散布されるものもあれば、鳥によって運ばれるものもある。さらに数年が経てばこれらの若木が育って若い森林になってゆく―こうした植生遷移のスピードの速さも日本列島は並外れている。逆に言えば、遷移が進むのを抑えていたのが、農業だったといえる。

このことは必然的に次のようなことを誘起するであろう。イノシシやタヌキといった、もともと人里やそこに近いところでも暮らすことのできる動物は、いち早くこうした農地、とくに藪状態になった農地に入り込むであろう。これまではおいしい農作物があるが、人がいて恐ろしかったし、雑草がないので、遠くからでも見つかるから、入り込む余地がなかった。したがって、これらの抑制要因がなくなれば、一気に侵入が可能になるわけである。これまで雑木林に潜みながら、慎重に機会を狙っておそるおそる侵入していた動物は、大胆になり、藪の中に潜みながら農地に常駐するようになるであろう。農作物は野草に比べれば栄養価が高く、しかも集中的にある。一年草や二年草は別としても、多年草の野菜や果実、地下茎や根茎で増える植物の中には放棄された農地で繁殖を繰り返すものもあるだろう。そうなれば、地下部を利用できるイノシシにとっては願ってもない状況が現出したことになるし、果実を好むタヌキなどにしても同様であろう。集約的に管理してきた日本の農地から人が消えると野生動物とその生息地がいかに変化するか、福島原発事故は図らずもそのことを象徴的に示すことになった。

考えてみると、日本の農地での人口減少は、この半世紀のあいだに徐々に進行してきたことであり、今や過疎を超えて、限界集落という言葉さえ使われるようになった。そこでも「フクシマ」で起きたことが起きているはずである。突然でなかっただけ、その影響はもっと顕著であることもあろうし、人は少なくなったが、最低限の除草などはおこなわれているために、そこまで顕著でないこともあろうが、この数百年になかった形で日本の丘陵地、山地から人がいなくなるということが起きている。私たちはこの事実を深刻に、しかし冷静に捉える必要がある。そのことは野生動物との関係を考える上でも重要で、次のようなことが考えられる。

新たな懸念、シカの侵入拡大

現在、日本列島では非常な勢いでシカ（ニホンジカ）が増えており、分布も拡大している。環境省の調査によれば二〇〇三年時点での分布域は一九七八年段階にくらべて一・八倍になったという（中島、二〇〇七）。この拡大により、これまでの「空白地帯」が急速に埋められつつある。

不思議なことに阿武隈山地にはこれまでシカがいなかった。私はこれは狩猟圧によるものだと考えている。シカは日本列島には広く分布していたことは縄文時代あるいはそれ以前の石器時代の遺跡から骨が出土することからわかっている。しかし東北地方の日本海側にはほとんどいない。それは多雪地では脚の細いシカは動けなくなって銃を持たない農民でも容易に撲殺できたからである。北海道にエゾシカがいることは、寒いからシカがすめないのではないことを示している。現実に岩手県の太平洋側にある北上山地にはシカが生き延びている。それよりも温暖な阿武隈山地にシカがいないのは説明できず、これは人の影響で撲滅させられたのだと思う。

しかしすぐ南西部の那須には日光から続くシカ集団がいる。そして確実に分布を拡大しつつある。阿武隈山地に侵入するのは時間の問題ではなかろうか。もし阿武隈山地にシカが入った場合、高い山がなく、雪も少ないから、拡大は速いと予想しなければならない。それでも農業が営まれていれば、日本の野生動物はそう容易には拡大しないものだが、今の阿武隈山地にはシカにとって分布拡大を阻止する要因がほとんどないということになる。

四　原発事故を起こしたもの

科学と技術

私は戦後の混乱期に生まれて、「鉄腕アトム」や「鉄人二八号」などを読んで育った世代である。手塚治虫には人や動物の命をテーマにした作品が多く、代表作である「鉄腕アトム」もそうである。主人公のアトムはロボットである。アトムはピノキオと重なる部分があるが、ピノキオはぬくもりのある木造りの人形であるのに対して、アトムは触れれば冷たい金属製である。手塚作品には未来都市もよく描かれるところをみると、手塚にはこういう無機的なものに対する嗜好もあるように思われる。そのことから推して、手塚作品に通底するのは、生命への畏敬と同時に、科学技術の重要性ということがあったのではないか。手塚に限らず戦後のまんがや、子供向けの書物には科学技術の重要性を説くものが多かったように思う。もちろんそこには精神論で戦争をしたことへの痛烈な反省や経済復興と平和には技術が不可欠であるという思いがあったことはまちがいない。手塚治虫もそうした社会の雰囲気の中で作品を産んでいったはずである。

「科学技術」とひとことでいうが、科学と技術はひとつのものではない。科学のうち、少なくとも自然科学は、自然のなりたちや仕組みを理解したいという知的な欲求のなせる活動であり、その推進のために技術は大いに有効であるが、基本的に技術とは独立したものである。同じ科学でも社会科学においてはなおさらそうであろう。虹の本質を知りたい、星の動きを決めるものを理解したいというのは科学的思考であり、それを実現するためには、プリズムや望遠鏡などの技術が有効だが、こうした技術があっても知的好奇心がなければ自然の理解はできない。一方、技術は人間の生活を便利で豊かにするために有効であり、その技術を進めるのに科学は有効であった。物理学的な数式なしに機械技術はありえないし、土木工事もできない。だが、技術は技術であり、原理を知らなくても応用はできる。

そうであるのに、私たちは「科学技術」というひとつのものがあるかの如き教育を受けてきた。豊かで平和な社会を作るには「科学技術」が必要であるからと。現実に戦後の日本社会は経済復興をとげ、その過程では、工学、つまり技術が重要であることがいかんなく示された。電気製品、バイク、自動車、コンピューターが日本を経済大国に押し上げた。技術は国を豊かにする――為政者はそのことを確信し、国民はそのことに満足した。

だが、そこに科学的思考がどれだけあったろうか。自然を知りたい知的欲求に動かされた成果は何であったか。国民は戦前より科学的になっただろうか。このことの評価は私の役割でないので、大いに疑問であるとだけ記すにとどめ、ここでは「鉄腕アトム」に象徴される戦後の「科学技術」の奨励に、科学と技術をひとまとめにしたことの問題があったのではないかということを指摘しておきたい。

工学国家と日本人の意識変化

技術立国はすなわち工学国家である。我が国の工業関係人口の大きさ、輸出品に占める工業製品の大きさ、大学における工学部の大きさ、研究費の多さ、これらすべてが日本が工学国家であることを示唆する。工場での労働者確保に地方から大都市への若手人口の流出があったし、昭和中葉に高専（工業高等専門学校）が設置されたことなども、そのことと同じ社会要請に応えたものであろう。

日本の農業の根幹は米作りであり、田んぼは高度な土木工事の産物であるが、伝統的な米作りは工学とはほど遠かった。田植えや稲刈りを集落総出でおこない、田んぼの耕起を家畜でおこなっていた。人ひとりの存在ははなはだ小さかった。日本列島は雨が多いから、植物がよく育ち、その結果、昆虫が多く、そのほかの動物も豊かである。また災害も多く、さまざまな農業被害も起きた。農民は病虫害や獣害に悩まされ、大雨や旱魃に苦しんで来た。そのことは当然、山を空を天を畏れ敬う気持ちとなって現れた。祭りは自然への祈りであり、豊作というよりは、平穏であることへの感謝であった。

しかし、現在はすぐれた田植機、トラクター、コンバインがあれば、大袈裟にいえば一人でも田植えや刈り取りができる。害虫が出れば農薬で殺し、家畜の糞で作る堆肥がなければさまざまな肥料を使えばよい。かつて、雨が降ればあふれていた小川は、土地改良されて、かなりの大雨でも安定した水量が確保されるようになった。夏にしかできなかった野菜も、マルチ農法によって春からできるようになった。ビニールハウスを使えば、天気を気にしないで安定的な野菜、果実作りができるようになった。

こうした変化は農民に心の変化をもたらしたはずである。多勢が何日もかけていた農作業が一人で一気にできてしまう、天気予報も正確になってきたから、たいていの備えも可能になってきた。そういうことが重なることで、あれだけ畏れ敬っていた天も、さほど畏れるに足らないではないか、こちらが備えればたいていのことは大丈夫だと感じるようになってきた。

自然の変化、恐ろしさに最も敏感である農民がそうであれば、さらに管理された都市生活を送る多数の国民は、それよりもずっと早く、自然恐るるに足らずという気持ちを持つようになっていた。洪水が起きるのであれば、川を改造すればよい。ダムを造って水を調整し、護岸工事をして水流を管理すればよい。波が砂を運んで海岸線が変化するなら、テトラポッドを置いて阻止すればよい。そして、津波が来るのであれば防潮堤を作ればよい。こういう国土変化が進められ、その根底には自然災害は土木工事で防ぐべしという工学的発想があった。工学こそが経済復興を果たしたように、災害も制御可能であると考えられた。

並行して、経済が豊かになることが、生活を便利にし、そのことが物資とエネルギーの大量消費をもたらした。日本は、食料を、工業原材料を、エネルギー源を膨大に輸入して工業製品を輸出する国になった。発電は水力、火力から原子力に比重をかけるようになっていった。一九六〇年代までは、原爆の記憶もあったから、原子力発電などありえないことだった。テレビに総理府から出されるコマーシャルでも、一九七〇年代には、遠慮がちに「実は原子力発電は安全なのです」という調子だったが、気づいてみれば、いつのまにか日本中に多数の原発が作られていた。安全であり、クリーンであり、安上がりであるからというのが、その設置理由だった。

それを許したのは、私たちがヒロシマやナガサキを忘れていたためであり、経済復興という媚薬に酔って自然に対する畏敬を失ってしまったためであると思う。地震国に原発を置くのは危険であり、大地震が起きれば工学的技術では防ぐことなどまったくできないということに、科学的思考で気づくべきであった。なぜなら、科学的思考が健全であれば、自然がいかに大きな力を持っており、いかに複雑であるかを知り、そのことを知れば、人間の力などいかに微《ち》さなものであるかを知るはずだからである。私たちは科学と技術という本質的に異質なものを、「科学技術」とひとまとめにすることで、自然への敬意をもつという科学の本質を見失っていたのだと思う。

放射能汚染の恐ろしさ―チェルノブイリの報告書

一九七九年にアメリカのスリーマイル島（レベル五）で、そして一九八六年にチエルノブイリで原発事故（レベル七）が起きたにもかかわらず、日本でその設置が見直されることはなかった。原発に反対しつづけた立派な科学者もおられたが、多くの国民は無批判であった。

事故が起きてみれば原発ほど高くつくものはないことが、あまりにも無惨な形で示された。しかし経済だけであれば、あるいは回復できるかもしれない。しかし放射能に汚染された国土、そこに生きる動植物への影響は決して消し去ることができない。もちろん人間への健康被害も底知れない恐ろしさがある。

チェルノブイリ原発が起きたのは旧ソ連時代である。最近訳された報告書（ヤブロコフほか、二〇一三）によると、事故前後の住民の健康は激変し、たとえば肺がんあるいは胃がん診断時からの生存期間は事故前は三八から六二ヶ月（三年から六年ほど）であったが、事故後は二ヶ月から七ヶ月になったし、子供の甲状腺腫症例は事故前にはまったくなかったが、事故後には一〇〇〇人あたり十二から十三例に増加し、生後七日までの新生児罹病率は六倍ほど増加した。ウクライナにおける先天性奇形率の例数も事故前には年に五件未満であったが、事故後には十数例から多い年には三〇例以上に増加した。そして健康な子供が八〇パーセントいたのに、事故後は二〇パーセント以下になったという。私たちはこれらの事実に戦慄しないではいられない。

私たちは、旧ソ連において、原発事故後三年間、当局によって情報の機密厳守命令が下され、データの改竄《かいざん》がおこなわれたにもかかわらず、それらの資料を慎重に、根気づよく掘り起こし、誠意を込めて公表したロシアの研究者たちの勇気を称え、感謝しなければならない。報告書の序論を書いたネステレンコたちはいう。

「チェルノブイリに由来する放射線の悲惨な影響にはがんと脳の損傷、とりわけ子宮内での発育期間中に被る脳の損傷がある」と。

私たちは報告書の日本語版へのあとがきを書いたヤブロコフたちの真剣なアドバイスに今こそ本気で耳を傾けるべきである。

「このような悲劇を二度と繰り返さないためにも、勤勉で才知あふれる日本国民が、危険きわまりない原子力エネルギーの利用をやめ、自然がみなさまのすばらしい国に与えた枯渇することのない地熱や海洋のエネルギーを発電のために利用することを願っている」。

原発を止めるのは、ごくごく素朴に考えて、自分たちの子供や孫の健康のために。また経済だけを考えても、まったく合理性がないからである。そして何より、地球に生きる者として、地球とそこにすむ動植物にこれ以上の迷惑をかけてはならないからである。社会も歴史も政治体制も違うロシアの科学者は、そのような壁を乗り越えて、ヒトという同じ種が地球に生きるために最低限なすべきこと、してはならないことを痛切に訴えている。これに耳を傾けないようでは、人類としての汚点を永遠に残すことになるであろう。

文献

今本成樹（二〇一三）「福島県に設定された警戒地区で私が見たもの・・・」、『畜産の研究』六六、七一一四、養賢堂

小金澤正昭・田村宜格・奥田圭・福井えみ子（二〇一三）「栃木県奥日光および足尾地域のニホンジカにおける放射性セシウムの体内蓄積、二〇一三年」、『森林立地』五五：九九－一〇四、森林立地学会

佐藤衆介（二〇一三）「原発警戒地区内に取り残されたウシの生体保存計画」、『畜産の研究』六六：一一三－一一六、養賢堂

Nagasawa, M., K. Mogi, T. Kikusui(2012) Continued Distress among Abandoned Dogs in Fukushima. Scientific Reports. 2012, 2, Article number: 724 doi:10.1038/srep00724

中島尚子（二〇〇七）「データでみる野生動物の分布変化」、『森林環境二〇〇七　動物反乱と森の崩壊』五七－六八、森林文化協会

アレクセイ・V・ヤブロコフ、ヴァシリー・B・ネステレンコ、アレクセイ・V・ネステレンコ、ナタリヤ・

E・プレオブラジェンスカヤ、星川淳（監訳）、チェルノブイリ被害実態レポート翻訳チーム（訳）（二〇一三）、『調査報告チェルノブイリ被害の全貌』、岩波書店
山田文雄・長谷川元洋（二〇一三）「小中型哺乳類に何がおこりつつあるのか」（哺乳類と放射能汚染―今度の研究と対策―）、『哺乳類科学』五三：一九四．日本哺乳類学会

あとがき

本書は動物の「いのち」についてではなく、「いのちを考えた」ことについての本である。朔北社では二〇〇二年に「ヒトと動物―野生動物・家畜・ペットを考える」という、いわば本書の前身ともいえる本を出している。私はその中で野生動物を担当した。この本はとくに大きな話題となることはなかったが、着実な売れ行きを見せ、二〇一二年一一月には新聞でもとりあげられた。当時、動物のことを考える本というのはさほど多くなかった。それから十年あまり経ち、日本は経済的に失速し、重い閉塞感に覆われるようになった。多数のイヌが捨てられるとか、ネコを多数飼っていた人が放棄するなどの出来事もあったし、日本の動物園、水族館がイルカの捕獲法が残酷であるからといって非難されるとか、クマの出没、シカの増加などが話題になったりもした。農山村の人口が減少し、限界集落が増加、地方消滅といったことばが現実味をもつようになった。相対的には都市住民が増加し、そのことは人と動物の関係にも変容をもたらすことになった。

そうした状況の中で朔北社の宮本功氏から、前書を継続、発展させるような本はできないだろうかという相談をもちかけられた。私はそのことは意義があると考えたので、周辺の人に声をかけた。人と動物との関係も前書の三群の動物だけではないと考えたので、声をかける人数も多くした。その結果、執筆者の立場も対象動物もたいへん多様性に富んだものになった。話がもちあがったのは二〇一三年だったから三年もの時間が経ってしまい、早めに原稿を提出していただいた著者にはまことにご迷惑をおかけしたことをお詫びしたい。著者や対象動物が多様であるから、必然的に話題も多様になった。話題があちこちにばらばらに向いていると受け取る読者もあるであろう。しかし、思いがけない関連もある。野生動物をとりあげた羽澄氏は大量の駆除されるシカが放置されることの問題を指摘しているが、このことは新島氏の食肉利用の問題とつながる。あるいは野生動物が増えすぎて駆除されていることと、同じ野生動物を動物園で懸命に飼育していることは、我々との関係でいえばどういうことなのかを考えることにつながる。その意味でいえば、太田氏のとりあげたペットの処分と新島氏の食肉利用、つまりいかに殺すかという問題も我々にいのちへの向き合い方の意味を考えさせないではいない。成島氏は日本人のいのちについての意識を思索し、「草木國土悉皆成佛」の精神とのつながりを指摘したが、これは私が書いた福島原発の背後にある日本人の自然への傲慢さの指摘とのつながりを考えさせるし、柏崎氏の人工授精などいのちを操作することについての倫理観などとも接点を持つように思われる。

私は本書でいのちについてこう考えるべきだと一定の生命観に収斂しようなどとは毛頭考えなかった。そうではなく、私たちが漠然とわかったつもりになっている動物のいのちについて、日々そのことを考えている異なる立場の著者たちが、具体的な事実を記述し、何を考えているかを語ることで、読者にいのちについて考えるきっかけにしてもらいたいと期待したのである。一読者として原稿を読んだとき、たとえば太田氏のペットの章では子犬の惨めさに読むのがつらい思いをしたし、柏崎氏の原稿を読んでiPS細胞の意義をはじめて納得し、自分が知らないことを改めて認識した。また成島氏の文を読んで、ゾウのはな子と飼育員のあいだに安全のための構造物を作ったら、何も知らない市民からはな子がかわいそうだと轟々たる非難が湧き上がったことなど、驚くべき事実を知った。新島氏の食べ物としての動物についても、前書ではとりあげなかった話題であり、ふつう動物の本では扱わない話題であるから、動物との問題が日常の食事の中にもあるのだという新鮮な認識をもった。その意味で、私自身、本書から動物のいのちを考えるきっかけは十分に頂戴したと思っている。

編者としては、頂いた原稿に遠慮のない意見を言わせてもらい、非礼なことであったはずだが、著者の皆様はよい本を作りたいという私の意図を十分に汲み取っていただいた。ありがたいことであった。時間が経ってしまったために、情報としてやや色褪せたもの、更新したほうがよい情報も生じてしまったがご寛容いただきたい。ひとつの本としての統一は図ったが、内容が多様なだけでなく、著者の筆致もまた多様であったため、表記などに多少の不一貫があるが、著者の書きぶりを尊重してそのままにしたことをご了解いただきたい。

政岡先生にはまえがきを書いて頂いた。先生とは学長室で動物のいのちや人口問題、食糧問題などについてよく雑談をした。本書はその具体的な産物のような気がしている。朔北社の宮本功氏にはむずかしい作業を粘りつよく継続していただいた。

こうしてできた本書が我々の期待するように、読者に動物のいのちを考え直すきっかけになってくれるだろうか。私としては話題が多様なだけ、どれかひとつには読者の琴線に触れるものがあると楽観的に期待している。

二〇一五年盛夏　　高槻　成紀

《著者紹介》

高槻成紀

一九四九年鳥取県生まれ。元麻布大学教授。主な著書に『北に生きるシカたち』（一九九二、どうぶつ社）、『シカの生態誌』（二〇〇六、東京大学出版会）、『野生動物と共存できるか』（二〇〇六、岩波ジュニア新書）、『動物を守りたい君へ』（二〇一三、岩波ジュニア新書）。シカやタヌキを中心にさまざまな野生動物ついて、保全生態学的な視点から研究している。同時に動物と人間社会のあり方にも関心を持ち、都市化と野生動物の関係のあるべき姿を模索している。

政岡俊夫

一九四八年高知県生まれ。麻布大学名誉学長・名誉教授。二〇一四年に退職して教育・研究からは離れ、古里の高知での日々の暮らし（晴耕雨読）の中で、過って学生にも紹介したマンハッタン原則（One World One Health）の僅か一部でも体現できる努力をしている。

太田匡彦

一九七六年東京都生まれ。九八年、東京大学文学部卒。読売新聞東京本社を経て二〇〇一年、朝日新聞社入社。経済部記者として流通業界などの取材を担当。〇八年、ＡＥＲＡ編集部記者としてペット流通の取材を始める。一九年四月、動物関連の取材を担当する専門記者となり、特別報道部に異動。現在は文化部記者。著書に『犬を殺すのは誰か　ペット流通の闇』（二〇一三、朝日文庫）、『「奴隷」になった犬、そして猫』（二〇一九、朝日新聞出版）、取材班としての共著に『ロストジェネレーションの逆襲』（二〇〇七、朝日新書）などがある。

新島典子

一九六七年東京都生まれ。ヤマザキ動物看護大学大学院教授。専門は臨床社会学、死生学。ヒトと動物の関係性の変化を通じて社会を考察している。特に、動物に関わる喪失体験やコミュニケーション、動物のいのちや心に対する人々の眼差しに関心がある。主要共編著に『ヒトと動物の死生学―犬や猫との共生、そして動物倫理―』（二〇一一、秋山書店）、『東大ハチ公物語：上野博士とハチ、そして人と犬のつながり』（二〇一五、東京大学出版会）、『Companion Animals in Everyday Life: Situating Human-Animal Engagement within Cultures』（2016, Palgrave Macmillan）、『動物の事典』（二〇二〇、朝倉書店）、『家族社会学事典』（二〇二三、丸善出版）ほかがある。

成島悦雄

一九四九年栃木県生まれ。井の頭自然文化園園長、日本獣医生命科学大学客員教授を経て、日本動物園水族館協会顧問。主な著書に『珍獣図鑑』(二〇一四、ハッピーオウル社)、『大人のための動物園ガイド』(編著、二〇一一、養賢堂)、『動物園学入門』(編著、二〇一四、朝倉書店)、『動物』(NEO POCKET図鑑5、二〇一一、小学館)などがある。日本各地で開催されている闘牛(牛相撲)など、日本人と動物の関わりについて調査研究を行っている。

柏崎直巳

一九五九年東京都生まれ。麻布大学獣医学部 動物繁殖学研究室教授。主要著作 ①「遺伝子改変動物の作出と応用」(柏崎直巳監修『動物応用科学の展開』二〇一一、養賢堂)、②「卵子および胚の超低温保存」(佐藤英明他編著『哺乳動物の発生工学』二〇一四、朝倉書店)、③「家畜のゲノム編集」(日本農学会編『ここまで進んだ! 飛躍する農学』二〇一五、養賢堂)。動物の生殖工学が専門。生命科学展開の視点から、地球規模での人類と家畜を含めた動物との共生を目指して研究・教育に取り組んでいる。

羽澄俊裕

一九五五年愛知県生まれ。東京農工大学農学部環境保護学科卒業。博士(人間科学)早稲田大学。元・株式会社野生動物保護管理事務所代表。主な著作に『自然保護の形—鳥獣行政をアートする』(二〇一七、文永堂出版)、『けものが街にやってくる—人口減少社会と野生動物がもたらす災害リスク』(二〇二〇、地人書館)、『SDGsな野生動物のマネジメント—狩猟と鳥獣法の大転換』(二〇二二、地人書館)ほか。個人ではなく社会が取り組む自然保護の形として、野生動物マネジメントの仕組みつくりに取り組んでいる。本書は、野生動物をとりまく混沌とした日本の社会の現状について、広く一般の方々に理解を深めてもらえるように執筆。

動物のいのちを考える

2015 年 10 月 10 日　第 1 刷発行
2024 年　9 月 30 日　第 4 刷発行

編著者　高槻成紀
共著者　政岡俊夫　太田匡彦
　　　　新島典子　成島悦雄
　　　　柏崎直巳　羽澄俊裕

発行人　宮本　功
発行所　株式会社　朔北社《さくほくしゃ》
〒 191-0041　東京都日野市南平 5-28-1　1 階
tel. 042-506-5350　fax. 042-506-6851
http://www.sakuhokusha.co.jp
振替 00140-4-567316

印刷・製本 / 吉原印刷株式会社
落丁・乱丁本はお取りかえします。
Printed in Japan ISBN978-4-86085-121-7 C0045